THE PAST AND
PRESENT OF GIANT PANDA

大熊猫 的 前世今生
长江都督史前熊猫大发现

黄万波 李 华 秦 勇 胡 鑫 廖克海 / 著

重庆自然博物馆
中国科学院古脊椎动物与古人类研究所
重庆探路者户外运动有限公司
重庆中国三峡博物馆
重庆市丰都县都督乡人民政府

科学出版社

北 京

图书在版编目（CIP）数据

大熊猫的前世今生：长江都督史前熊猫大发现 / 黄万波等著.
—北京：科学出版社，2018.1
ISBN 978-7-03-055612-7

Ⅰ.①大… Ⅱ.①黄… Ⅲ.①大熊猫－研究 Ⅳ.①Q959.838

中国版本图书馆CIP数据核字（2017）第286716号

责任编辑：侯俊琳　田慧莹　刘巧巧／责任校对：何艳萍
责任印制：李　彤／封面设计：有道文化
排版设计：北京美光设计制版有限公司

编辑部电话：010-64035853
E-mail:houjunlin@mail.sciencep.com

科学出版社 出版
北京东黄城根北街 16 号
邮政编码：100717
http://www.sciencep.com
北京虎彩文化传播有限公司 印刷
科学出版社发行　各地新华书店经销
*
2018 年 1 月第 一 版　　开本：787×1092　1/16
2024 年 1 月第四次印刷　印张：8
字数：110 000

定价：48.00 元
（如有印装质量问题，我社负责调换）

序

　　该书是关于大熊猫的纪实性科普图书，讲述了在重庆丰都县都督乡发现6件大熊猫化石标本的野外考察经历，同时结合区域地质背景和对洞穴哺乳动物化石群标本的初步整理及鉴定，从人与自然环境发展演化关系的视角，阐述了大熊猫的演化分期和区域分布。

　　该书第一作者黄万波先生长期从事古脊椎动物学研究，对大熊猫情有独钟，2010年出版《大熊猫的起源》科普著作。该书的最大特点是将发现大熊猫化石的亲身经历故事化，娓娓道来，既普及科学知识，又倡导科学方法，对化石爱好者、博物馆工作者均有参考价值。

　　黄万波先生于耄耋之年受聘于重庆自然博物馆，襄助我馆新馆建设和人才培养。借该书的出版，谨向他表示崇高的敬意。

重庆自然博物馆馆长　欧阳辉

2017年8月30日于重庆

前　言

　　研究者认为，化石的存在既是地质历史时期生命活动的见证，也是当时自然环境的真实记录。从20世纪50年代至今，我从事古脊椎动物学研究已60余载，无论哪个门类的脊椎动物化石我都想走近它、了解它，而在这众多的化石之中，我对大熊猫化石有着尤其独特而浓厚的兴趣。

　　可以这么说，我只要接触到大熊猫及其相关资料，都会进行细致的收集、观察、对比和整理，不放过任何一则信息。不仅如此，我还经常到野外做一些采集工作。这些工作虽看起来不是很起眼，但却为我提供了研究大熊猫的起源与演化最基本的科学依据，也为我日后研究它们的生活习性、繁衍方式及相适应的生态环境提供了很多宝贵的资料和研究基础。

　　就大熊猫而言，它们原本是以肉食或杂食为生。自演变成食竹之后，它们的牙齿由原来的切割功能逐渐变成了碾磨功能。随着食性的转化，大熊猫的一些器官及生理习性也发生了相应的改变。

　　关于大熊猫的分类，有说是熊科或浣熊科的，有说应单立一大熊猫科的；关于它的名字，有叫熊猫的，有叫猫熊的，等等。这反映出大家对大熊猫的生物学系统地位及其相关科学内涵的了解。

我也一直致力于大熊猫题材的科学研究工作，2010年，我们将搜集到的材料去粗取精，对比研究，而后撰写成文，出版了《大熊猫的起源》一书。

之后，我仍一直进行着大熊猫的研究：野外考察，探洞觅穴，寻找材料……都是一丝不苟地进行着，就是想为日后全方位地认识大熊猫打好基础。

正当我渴望新材料、新信息之际，2012年4月下旬，重庆三峡古人类研究所所长魏光飚接到丰都县都督乡副乡长廖克海打来的电话，说农民谭代江在距他家不远的洞穴里发现了一个大熊猫脑壳，保存状态很好，想请我们过去作一鉴定，看看它是不是大熊猫化石、生存在哪个时代。

为此，自2012年起，我先后三次前往都督，见到了发现者，聆听了他的发现经历。在廖乡长的大力协助下，又与发现者同往现场考察，发现果真是大熊猫化石！我望着那灰黑色的头骨，很是兴奋，因为都督熊猫头骨化石的发现，是古熊猫发现史中的又一大事件！

其中收效最佳的是第三次（2016年8月）。之所以这么说，是因为当时突然获悉发现了5个大熊猫头骨和1个下颌骨。特别值得一提的是，第1个大熊猫头骨石化程度浅，经碳十四测定为6130 BP（BP为距1950年的年代）。更令人惊叹的是，该头骨的右侧从颞骨颧突基部至枕骨一线破裂，断面平平整整似如刀砍。该头骨展示的这些信息，本书将在第三章逐一述来。

在都督考察实践中，我们也对周边的岩溶地质、洞穴形态和堆积地层进行了研究，同时还采集了与大熊猫生活在同一自然环境下的古动物化石，俗称大熊猫的左邻右舍，诸如叶猴（*Presbytis* sp.）、长臂猿（*Hylobates* sp.）、小熊猫（*Ailurus fulgens*）、黑熊（*Ursus thibtanus*）、剑齿象（*Stegodon orientalis*）、巨貘（*Megatapirus augustus*）、苏门犀（*Dicerorhinus sumatrensis*）、野猪（*Sus scalofa*）、大额牛（*Bibos* sp.）、水鹿（*Rusa unicolor*）和麂子（*Muntiacus teevesi*）等20多个属种。

大熊猫及其相伴属种化石的发现表明，6130年前的都督是一个岩溶峰峦起伏、槽谷流水潺潺、竹林草地繁茂、参天古树幽雅的半封闭的自然环境，所有生命都充满了生机与活力。鉴于此，我们从岩溶地质、古生物、古生态、古文化的视角，把在都督的所见、所闻、所获交织于一体，以通俗易懂的文笔撰写了本书。

本书主要讲述都督5个大熊猫头骨和1个下颌骨的发现过程及一些研究成果。经初步观察，6件熊猫化石的形态特征，从总体看可归属于巴氏大熊猫。但是第1个熊猫头骨的某些不同于其他几个头骨的进步特征以及年代测定（6130 BP），使我们更倾向于认为它介于巴氏大熊猫与今生大熊猫之间，而且在进化水平上更接近于今生大熊猫，抑或为长江都督前世熊猫的最晚者。由此看来，当地质历史进入晚更新世末至全新世初，这里的动物、植物在冷暖气候的袭击下，并没有像其他中纬度地区的动物那样走向没落，而是相继传承、繁衍。

但愿本书的出版能有助于相关研究者对前世大熊猫与今生大熊猫在体质形态、自然环境方面的对比研究，以此了解化石、亚化石和今生种在受到生态条件的重大影响下产生的行为模式，如食物结构、骨骼形态之间的异同。笔者希望以此架构起前世大熊猫与今生大熊猫的自然史、生态史桥梁，在都督构建一个"前世熊猫自然保护基地"，供研究者深入实地、考察研究，以揭开在长江都督遗留史前最后熊猫的奥秘。对都督而言，该基地的建成亦将成为独具特色的科学景点！

黄万波

2017年元旦于重庆

Abstract

As the first author of this book, I have always been attracted by the mammal fossils of any category since 1950s and would like to get to know them all. This is because the existence of fossils is a witness to the activities of lives in the geological history and an authentic record of the natural environment back then. After a period of time, I have gradually become interested in the fossils of giant pandas among others.

I have always carefully collected, observed, compared and sorted out any panda fossil or related information that I come across and have never missed any information about panda fossils. Furthermore, I also go to the field from time to time, visit the scenes and personally collect the fossils. These kinds of work may seem, at first glance, very trivial, but it not only is the scientific basis for the study of the origin and evolution of giant pandas, but offers scientific and reasonable explanations to the study of their living habits, reproduction methods and ecological environment.

Giant panda is an excellent subject of popular science education. Earlier, I discarded the dross and selected the finer parts, conducted comparative studies, wrote into essays, and in late 2010 published

them in a book named *The Origin of Giant Panda.*

Since then, I have continued the field studies, cave explorations and material collection in a meticulous way to lay a solid foundation for comprehensive understanding of giant pandas in the future.

Just when I was anxious to find new materials and information, by coincidence, Wei Guangbiao, director of the Institute of Three Gorges Paleoanthropology, received a call in late March of 2012 from Liao Kehai, the deputy chief of Dudu Township in Fengdu County who claimed that a farmer named Tan Daijiang found a skull of giant panda in a cave near his home. Mr. Wei said that the specimen was well kept and invited me to make an identification as to whether it was a giant panda fossil and in what era the panda lived.

When I got the news, I was thrilled and encouraged! The discovery of panda skull in Dudu is another major event in the history of panda studies, which is worth visiting and exploring. To this end, I have visited Dudu for three times since 2012. Each time I have some findings, which is particularly fruitful during the third visit (August 2016). The reason is that

during that visit alone, we suddenly learned that five panda skulls and one mandible were discovered. Later, I met the excavators and listened to their experience during the discovery. With the strong support of chief Liao, I also went to the scene together with the excavators and explored the karst landscape and cave where the fossils were located.

During the field visits in Dudu, I also collected the fossils of some ancient animals in the same natural environment with the giant pandas, such as *Presbytis* sp., *Hylobates* sp., *Ailurus fulgens*, *Ursus thibtanus*, *Stegodon orientalis*, *Megatapirus augustus*, *Rhinoceros sumatrensis*, *Sus scalofa*, *Bibos* sp., *Rusa unicolor* and *Muntiacus teevesi*, etc.

In view of this, we have written *The Past and Present of Giant Panda: A Great Discovery of Prehistorical Giant Panda at Dudu Country in Yangtze River Area* from the perspective of karst landscape, palaeontplogy, palaeoclimatology and palaeolithic cultures, combining the experiences we had in Dudu.

The book consists of six chapters: Chapter One, the visits in Dudu; Chapter Two, the discovery of the five panda skulls and one mandible;

Chapter Three, the mystery of the ruptured panda skull; Chapter Four, ancient animals living with the giant pandas; Chapter Five, why the last pandas were in Dudu; Chapter Six, the origin of the giant pandas in Dudu.

Among the six chapters, the most fascinating one is the discovery of the five panda skulls and one mandible. Then comes the mark of hit by knives in the first panda skull and one mandible. Another point is that the natural environment of Dudu in 6130 B P was warm, humid and semi-enclosed.

Hereby, I will make a brief introduction as to insight of the above-mentioned aspects.

First, about the discovery of the five panda skulls and one mandible. The discoverers are two local people from Dudu, a farmer and a cave explorer. Together they have explored a number of caves in Dudu. The first panda fossil was discovered when the farmer Tan Daijiang was looking for his sheep in a cave. The discovery spot was in the sand layer at the end of the underground channel. The second panda fossil was found by Tan Daijiang when he was exploring the stalactite in a cave. The third and fourth panda fossils were discovered while Tan Daijiang and the cave explorer Qin Yong were looking for archaeological relics in a cave. The fifth and sixth panda fossils were found by Qin Yong in a cave while he was treading on the ground. When Qin Yong was returning home from his cave investigation, he stepped on a small bump. After observation, he found that under the small bump lay the panda fossils.

Next, I will explain about the knife mark on the first panda fossil.

After the first panda fossil was excavated, I noted that the fossil had clear and regular ruptures on its left and right sides. The marks do not look like cuts from stone implements, impacts of weathering or crashes from stones. Instead they are similar to knife cuts.

In order to demonstrate the causes for the rupture on the first panda fossil, we used goat skulls for experiment. The results show that: ruptures on the skull caused by cuts of stone implements are extremely irregular, the fracture twists and turns, and there are radial lines centering the force-bearing point; while ruptures on the skull caused by knife cuts are regular, the fracture is flat and straight, and there is no radial lines centering the force-bearing point.

Through the comparison of the experiments, we have proven that the cause for the rupture on the first panda skull is definitely knife cuts.

Then comes the problem: as the rupture on the first panda skull is caused by knife cuts, whether the knife appears in the same age as the first panda skull?

In order to solve this problem, we took samples from the first panda skull for dating test. Later the ^{14}C Dating Laboratory in Peking University determined that it belonged to 6130 ± 25 BP.

From the dating data it is not difficult to see that 6130 BP has entered the Neolithic Age. We know that the intelligence of human being greatly enhanced when they entered the Neolithic Age. For instance, a fine seven-hole bone flute was excavated from Henan Wuyang Jiahu relics, which was made of crane ulna 9000 years ago. As a result, it is also possible for ancient Dudu people 6130 years ago to obtain iron skills judging from their intelligence. Therefore, knives appeared and left evidence of human behavior on the first panda skull.

Readers might ask, since knives appeared in foreign countries over 4000 years ago and less than 3000 years ago in China, how come it is still 2000 to 3000 years later than the time of first panda skull?

Our interpretation is that there are two reasons for the discrepancy: first, the dating result of the first panda skull is earlier to a degree; second, the appearance of knives is somehow later. These remain to be rectified through further work to prove that the age of the first panda is consistent with that of the knife.

In terms of the natural environment of the ancient Dudu, judging from the karst landscape, the living habits of hylobatessp, ailurusfulgens, pesbytissp and others, as well as ancient vegetation with thousands of years of history, the natural environment of ancient Dudu 6130 years ago is semi-closed and elegant with rolling karst peak forests, running waters in the karst valley, lush bamboo forest and grass lands, and towering old trees. All life is full of vitality. A climate change 6130 years ago brought an end to the pandas and other coexisting animals in Dudu.

At the end of this book, an overview is given as to how the pandas in Dudu evolved step by step from *Ailurarctos lufengensis* to *Ailuropoda microta*, *Ailuropoda melanoleuca baconi* and *Ailuropoda melanoleuca*.

I hope this book could bridge the broad natural and ecological history with the readers, in order to inspire people to preserve the Dudu panda fossils by building a Nature Reserve Base for Ancient Pandas and at the same time provide new insights and attractions to the tourism industry in Dudu!

目录

第一章

都督之行

一 都督及其所在地

翻开中国地图，都督是个不起眼的乡寨。在唐代，这里曾是盐马古道（图1-1）的重要隘口，热闹非凡，商家马匹留宿于七栋吊脚楼，又称七棚子驿。据说唐代的都督马炟在此生活过，于是把七棚子驿改名为都督，并载入了地理史册。

都督，位于长江南岸，丰都县城东南，与石柱、武隆、彭水邻界，距丰都县城96千米（图1-2），地理坐标北纬29°38′1″，东经108°64′1″，海拔1030～1680米。全乡土地面积为78.2平方千米，林地覆盖率达80%以上，年日照近250天，年平均气温18～25℃，雨量充沛，水资源丰富。

在大地构造单元上，都督位居武陵山系七曜山脉，石灰岩层广为分布，在含有二氧化碳的流水和局部断裂及多组节理的综合作用下，形成了裂隙、洞穴、幽谷和深邃的地下暗河。地面的石芽、石林、森林、竹林、草场等

图1-1 盐马古道标志石

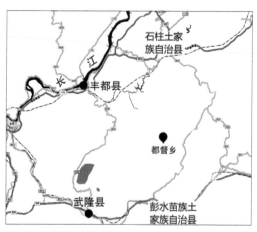

图1-2 都督乡地理位置图

图1-3　土家族吊脚楼（陈德忠摄）

自然景观，交织于都督的绿洲色彩之中。独具特色的盐马古道、土家乡情和苗家古寨，展现出令人向往的民俗文化景观。随着近年来农村公路的加速建设，都督境内的交通条件日臻完善，进一步促进了都督的旅游业发展（图1-3）。

可以这么说，如今的都督，是一颗璀璨的明珠，闪耀着灿烂的光芒！

二 为何去都督

关于我们为何去都督，还得从《重庆晚报》说起。

2012年3月31日，《重庆晚报》刊登了一则消息，说丰都县都督乡农民谭代江在天仙坑附近放羊。傍晚羊归圈时，他发现羊少了一只，遂去寻找，找来找去，也没有找到。他怀疑羊跌进那个距天仙坑不远的洞穴里了，于是壮着胆子顺洞下到距地面10多米的地方，果然发现了丢失的那只羊，高兴不已！此时，谭代江好奇地朝四周看了看，仿佛听到了流水声，于是朝水声方向走了去。越往前，水声越大，他感到有点不对劲，但在刚想退步的那一瞬间，忽然在右前方的水边见到一堆骨头。这一情景更让他想尽快离开这个不毛之地，于是他抱起羊就往外爬……

出来后，谭代江把在洞里见到的情况告诉了在重庆探路者户外运动有限公司任职的秦勇，希望他能去那个洞穴考察一下。

3月29日上午，秦勇等来到了那个洞穴，依照谭代江指定的路线下到洞底，借助强光手电筒，发现四周有好几个横向洞穴。他们走进一个稍微大点的洞口，里面怪石林立，再往前，时不时听到流水声。后经大家仔细辨听，是一条地下暗河从石壁涌出的瀑布产生的。当秦勇的注意力从瀑布转向暗河边时，一堆骨头吸引了他的眼球。他随即走近一看：没错，就是谭代江说的那堆骨头。他看了看，除了脊椎骨、腿骨外，还有牙齿。

都督乡政府获悉秦勇等的考察结果，特别是发现了动物牙齿，十分重视，认为这是个新发现，也许能为都督的旅游事业增添新的内涵。

但是，大家对于它究竟是什么动物的牙齿还不清楚，于是建议请有关专家作鉴定。事后，通过《重庆晚报》记者，他们找到了重庆自然博物馆有

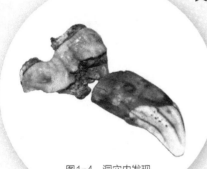

图1-4 洞穴内发现
的动物牙齿

关专家，鉴定结果为食肉动物。为了进一步论证其属性，记者黄艳春又找到了重庆三峡古人类研究所所长魏光飚，并提出：它会不会是大熊猫牙？

魏光飚根据《重庆晚报》发来的照片（图1-4）指出："大熊猫在三峡库区活动的最后时限是六七千年前，现在的大熊猫主要生活在相对寒冷且有一定海拔的四川卧龙。另外，六七千年前，地球并不像现在这么温和，古丰都县都督乡的气候适合大熊猫生活。"

4月2日上班不久，魏光飚把都督发现熊猫牙齿之事告诉了研究所同人。

笔者听后十分高兴，并立刻表态："都督处于七曜山脉，组成地貌景观的岩石多为三叠系石灰岩，层中洞穴，裂隙发育，无论报道的虚实如何，都值得前往考察。"魏光飚听后亦有同感，便做好出差准备，力争早日出行。

4月6日，天气晴朗，笔者一行乘坐越野车从研究所出发了。同行的人员有魏光飚、陈少坤、贺存定、张真龙，还有司机莫兵和汤启凤。11时许到达了丰都县文物管理所，在刘屏所长的陪同下，我们参观了长江二级阶地旧石器遗址。

午餐后，我们便驱车前往都督，一路上坡，沿着曲折的山路抵达都督所在地。

打开车门，大家不觉感到几分凉意，海拔仪显示1030米。汤启凤问笔者，怎么地形高了就冷了起来。笔者回答："这是因为海拔每上升1000米，气温就会下降6℃。""啊！原来如此。"汤启凤点点头说。

都督乡副乡长廖克海热情地接待了我们，并为我们安排了舒适的住处——钓鱼台山庄。留宿妥当后，笔者来到乡政府门前，被旅游宣传展板上的一幅幅秀丽的自然风光所吸引（图1-5、图1-6）。那些洞穴红点齿蟾蝌蚪（图1-7），还有保存极佳的碳酸盐类物质形成的洞穴石枝、石花和石笋

图1-5　都督乡政府所在地
资料来源：都督乡投资服务资料汇编

图1-6　都督乡何家坝的牌坊
资料来源：都督乡投资服务资料汇编

（图1-8），更是令人百看不厌。

　　了解了都督的乡情，接下来的行程便是访问谭代江（图1-9）。说来也巧，我们正好在路口相遇。

　　廖乡长说明了我们的来意，小谭便打开了话匣子："说来简单，记得是2月27日，我在天仙坑附近放羊，收工回家时，发现羊群（不是《重庆晚报》说的一只羊）不见了，于是马上转向天仙坑附近的洞穴，看看有无羊群可寻。当我找到那个洞口，一股羊骚味扑面而来。我走近一看，它们在一个避风的洞窝

图1-7　洞穴红点齿蟾蝌蚪

图1-8 碳酸盐类物质沉积——石笋
资料来源：都督乡政府提供

图1-9 谭代江（汤启凤摄）

里安然地躺着呢！那好，暂不惊动它们，就在这儿转悠转悠。于是我朝一叉洞口走去，顺着斜坡下到了洞底。至于在洞里的所见所闻，《重庆晚报》已作了专题报道，我就不说了。"

笔者听了谭代江的简要叙述，结合《重庆晚报》的报道情节，感到都督乡的石山肚腹里，真没准儿在哪个洞穴里藏有大熊猫化石呢！

为了给谭代江普及点古生物学知识，笔者拿着化石标本对他说："这是熊猫牙。为什么说它是熊猫牙？原因很简单。我们知道，生物与环境是个统一体，自从熊猫由杂食改变为单一食性后，也就是以竹子为食，这就导致了它生理习性的改变，牙齿变宽变大了，特别是臼齿，咀嚼面上还布满了棱脊和釉质凸起，牙齿周边增强了加固齿冠的齿带。今后你若有机会再去探洞，遇到这个模样的牙齿，说它是熊猫的，那可是千真万确。"（图1-10）

小谭听后立即回应："谢谢教授的指点，我记住了。"他又思索了一会儿，忽然提了个问题："黄教授，我对熊猫特别关注，在网上看到一则信息，说大熊猫是熊变来的，是这样吗？"对于小谭的突然发问，笔者一开始感到意外，但随后一想，说明小谭是个好学的青年，于是就准备给他讲一讲。笔者看了看在场的同人，然后把目光转向小谭说道：

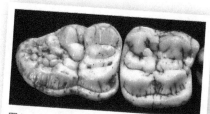

图1-10 巴氏大熊猫上臼齿（嚼面观）

你这个问题可不一般。学者们为此辩论了一个多世纪，其中既涉及大熊猫与熊的关系，又关系到大熊猫与浣熊科的小熊猫之间的瓜葛。

众所周知，古生物学家、动物学家、解剖学家和分子生物学家发挥无比的创意与毅力，把这场讨论导向了熊、浣熊、大熊猫和小熊猫在演化上的关系。其起因是从法国博物学家皮埃尔·阿曼·戴维（Père Armand David）发现大熊猫开始的，即1869年，戴维对他采自四川穆坪的那张黑白熊皮进行了研究（图1-11）。他认为四川穆坪的这个物种不同于中国西部山区的黑熊，它的脸形比黑熊的圆，吻部短，牙齿宽大，臼齿嚼面较平坦。尽管与熊有区别，但其总体形态尚未脱离熊的性状，在系统演化上仍归熊属（*Ursus*），不过是一个新成员。于是，戴维给它起了个学名叫*Ursus melanoleuca*（拉丁文，意思是：黑白相间的熊）。

图1-11　1869年，戴维在四川穆坪一农户家见到的那张黑白熊皮
资料来源：姚世康. 2009. 大熊猫传奇故事. 成都. 四川美术出版社.

1870年，巴黎自然历史博物馆主任米勒·爱德华兹（Alphonse Milne Edwards）重新研究了戴维采自四川穆坪的"黑白熊"标本，并于1871年公布了研究结果。米勒·爱德华兹在文章中说，戴维起名的*Ursus melanoleuca*，从其体态看，与熊类不同，它非常接近于中国的小熊猫（Lesser panda，又称红熊猫，它于1825年首次在喜马拉雅山南麓发现，后来在四川也广有发现）。

在生物学系统分类上，小熊猫（图1-12）、熊和浣熊有共同的祖先。简单来说，戴维采自四川穆坪

图1-12　小熊猫

的黑白熊是一个与小熊猫有自近裔关系的物种。

因此，米勒·爱德华兹根据以上理由，把戴维起名的黑白熊属名*Ursus*改成了*Ailuropoda*，种名*melanoleuca*保留，结果成了*Ailuropoda melanoleuca*（拉丁文，意思是：黑白相间的熊猫）。

从那以后，研究者对大熊猫在生物学的系统分类开展了讨论，熊派学者主张熊猫归熊科，戴维就持这种观点；浣熊派学者主张熊猫归浣熊科，米勒·爱德华兹就是该观点的支持者；分子生物学家通过对大熊猫DNA的研究，表明熊猫是熊科动物一个亚种。由于各派都以自己的研究成果来支持自己的观点，所以没有一个统一的判别标准，也就得不出一个一致的结论。

从古生物学的角度，就大熊猫的牙齿来说，大熊猫的祖辈始熊猫的牙齿，除了上第4前臼齿和下第1臼齿发生了适应食竹的功能外，其余牙齿，特别是臼齿，与熊一样，没有太大的差别。然而到了始熊猫的晚辈小种大熊猫、巴氏大熊猫、今生大熊猫，其牙齿的变化非常大，特别是颊齿后面的前臼齿和臼齿，不仅增宽、增大，而且嚼面上生长了许多釉质凸起和棱脊，齿冠外面还生长了加固齿冠的齿带。显然，这些生理变化与熊是不一样的（图1-13）。

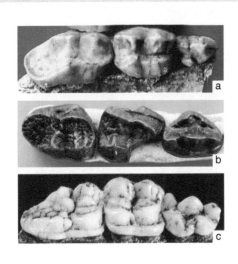

图1-13 熊、始熊猫、巴氏大熊猫上第4前臼齿和第1、第2臼齿比较
a.熊；b.始熊猫；c.巴氏大熊猫

大熊猫牙齿与小熊猫牙齿相比,同样有别,就第1臼齿来说,大熊猫与小熊猫都是宽大于长,但小熊猫嚼面的釉质皱纹和棱脊相对较少,没有大熊猫的多,第二臼齿的差别就更加显著了(图1-14)。

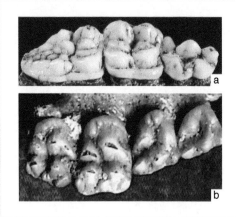

图1-14 大熊猫与小熊猫牙齿比较
a.大熊猫上第4前臼齿和第1、第2臼齿;b.小熊猫上第3、第4前臼齿和第1、第2臼齿)

牙齿变化的故事告诉我们:熊猫的诞生与熊相关,但不能将其归类为熊科;与小熊猫相关,但不能归类为浣熊科,它们是从食肉目里分化出来的一个独立的系统,我们赞成另立一科——熊猫科(Ailuropodidae)(图1-15)。说得通俗一点,熊猫就是熊猫。

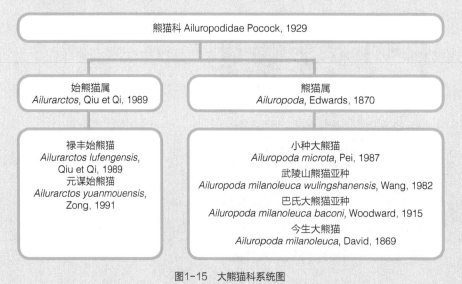

图1-15 大熊猫科系统图

图1-16 "圆形石"

　　小谭听得津津有味，顺口说出一句："教授说得对，熊猫就是熊猫！"廖乡长接过小谭的话茬："保护好都督的熊猫化石，就是对今生大熊猫的爱！"结束了与小谭的交谈，不知不觉太阳开始偏西了。我们告别了小谭，廖乡长把手一挥，"走，带你们去看'圆形石'"（图1-16）。

　　绕过村头，大伙儿来到一个空荡的场地，在几棵橘子树下有个圆形的东西。大伙儿走近一瞧，感到有点儿纳闷。因为从石质形态看，它不像是考古材料，倒像个砂岩层中的结核。我们欣赏了半天，也说不出个所以然，因为我的主要研究方向是古脊椎动物学与古人类学。

　　廖乡长见了大伙儿的表情，不好意思地说了一句："这个'圆形石'的由来，版本可多呢：有说是古人搞的，有说是天上掉下来的，等等，这都有待研究。不过，明早咱们看的可是个实打实的。"

　　不知是谁问了一句："看啥子？""观云海。"廖乡长答。

　　云海，对笔者来说见过很多，诸如黄山云海、神农架云海、横断山云海等都令人心旷神怡。都督的云海，说不定更是别有特色！

图1-17　都督盖尔坪云海（林登周摄）

看云海（图1-17）勾起了笔者的一阵联想，这地处北纬30°的巴渝大地，自然之鬼斧神工造就了它的绝胜美景，有山、有水、有森林，还有那成片的竹子，这样的生态环境很适宜大熊猫等各类动物栖息。天坑、洞穴又为埋藏各类动物遗骸提供了条件。

4月8日，我们告别了都督乡领导，沿路而归。笔者望着那风光绮丽的喀斯特地貌，回味着留在脑海的神秘莫测的地下世界，真想在此多住几日啊！笔者的这个愿望没有想到实现得如此之快，不到3周时间，我们便又重返都督。

那么，是什么原因促使我们重返都督？答案很简单，发现了6件熊猫化石，其中包括5个熊猫头骨和1个下颌骨。

第二章

6件熊猫化石

　　6件熊猫化石的发现，用三言两语是说不完的，因为它们的发现经过曲折，埋藏产状复杂，有待梳理校正之后才能搞清楚事情的来龙去脉。原本说的有6个熊猫头骨，后经观察、对比，所谓第4个头骨，实际上只有下颌骨而缺失头骨。理清了这些基本情况，我们就可以一个接一个地往下叙述。

一 第1个熊猫头骨的发现

第1个熊猫头骨的发现，还得从2012年4月下旬说起。记得是4月22日，上班不久，魏光飚所长又一次接到丰都县都督乡廖乡长打来的电话，说谭代江在距他家不远的洞穴里发现了一个熊猫脑壳，标本保存很好，请我们过去作一科学鉴定，看它是不是熊猫化石。

魏光飚及其同人获悉在都督发现了熊猫头骨化石，很是欢喜。依魏光飚的话，事不宜迟，尽快准备重返都督。

我们一行是4月23日下午抵达都督的，24日上午采访了熊猫头骨发现者谭代江。

1. 采访谭代江

谭家的住宅靠都督西侧，木结构的房子，看上去有点儿陈旧，给人以简朴之感。大伙儿刚刚迈入堂屋，小谭急忙打招呼："还是院子亮堂，请出来就座。"（图2-1）

图2-1 谭家住宅前合影（左起：秦勇、黄万波、廖克海）

廖乡长接过小谭的话茬："我们今天来访的目的，是想请你讲讲那个大熊猫脑壳是怎样发现的。"

小谭把大伙儿安顿好后，一五一十地述说起来："熊猫脑壳这事儿，说来话长。自你们走后，一有机会我就钻洞考察。我们这里的山洞可多啦，不过很深，不好走。拿发现熊猫脑壳的那个洞来说，洞口小，出入不便，进去后还要爬过一道裂缝，再往前才是发现熊猫脑壳的那个地方。"

魏光飚十分客气地说："把你进洞后的所见所闻给大伙儿讲讲吧。"小谭看了看魏光飚和我，不好意思地说道："你们都是老前辈，讲得不好请指教。"

小谭接着说："记得进洞的那天正值中午，又是大晴天，洞口内的视线好极了，但进去不远就看不见了，加之洞顶低矮，只能蹲着迈步。蹲行了7～8米，洞身才高了点，但两壁还是很狭窄。再往前更不好走，洞底有点倾斜，我预感到不对劲儿，往左侧一瞧：我的天呀！好深一个地穴。此时，我用手电筒仔细地照了照周围的情况，无路可寻。看来，躲是躲不开的，我就抓住井壁上方的石头跨了过去。过了这道难关再走10来步就到了尽头。这个尽头就是发现熊猫脑壳的下洞入口。我站在洞口边往下一看：四壁陡峻，特别深，少说也有10来米，还好我有备而来。"笔者打断了小谭的话："有备而来的意思，是不是有探洞设备？"

小谭摆了摆手说："我哪有资金买设备呀！乡下人探洞的行头很简陋，就一支手电筒、一根绳子。"小谭站起来比画了一下腰带说："出门前，把绳子系在腰上，需要时把它解开就是了。那天就是这么操作的，我先解下绳子，一头系在石柱上，另一头握在手里，转过身来脚蹬洞壁，吱溜几下就到了洞底。站稳后，我用手电筒往四周一照，发现靠洞壁那边有些小动物的骨头。我没有去理它们，集中精力往里走。这时我脚下是条沟，但不深，有些乱石块。再往东南，洞身变窄了，洞底往一侧倾斜，而且很滑。再前行100来米，在距离斜坡不远的地方，我看到了许多骨头，有粗有细，结结实实的，其中还有个圆乎乎的东西，模样像脑壳。"

笔者着急地问："是不是熊猫脑壳？"

"您别急，听我往下讲。从斜坡往右，绕过一堆石块，才走近了那个像是脑壳的地方。我弯腰一打量：没错！是脑壳，脑壳下还连着下颌骨。此时我的心里甭提多高兴了！高兴之一，是找到了脑壳；高兴之二，是您教我识别化石的知识发挥了作用，确确实实认出它是熊猫的。"

笔者接茬问："后来呢？"

"我伸手就摸，第一感觉它是圆滑的，前面有点长，后面有点宽。由于我迫不及待地想拿到它，抱着就往上扒，然而它纹丝不动，原来是被胶结得十分牢固。怎么办？我再一细看，发现它右侧的胶结物比其他部位少些，于是使劲往左侧一掰，起作用了。您猜，会咋样？"

笔者脱口而出："掰下了？"

小谭十分得意地点头、点头，再点头，意思是拿到手了（图2-2）。

魏光飚追问道："那下颌骨呢？"小谭不好意思地说了一句："魏所长，由于下颌骨胶结得太结实了，无论怎么掰、怎么扒都不动……"他看了看大家而后自信地说："反正有了脑壳，也算走了大运。至于下颌骨，待有了机会拿着工具去取就是了。"

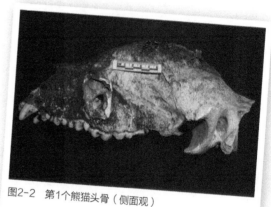

图2-2 第1个熊猫头骨（侧面观）

听了谭代江的描述，笔者深受启发，不由感叹一声："多好个小伙子，抱了个多好的熊猫头！"话音刚落，小谭便看出了我们的心事："这么办，明天我带你们去熊猫洞考察。"

笔者带着感激的心情说了句："真是心有灵犀一点通，那就多谢小谭啰！"

2. 去熊猫洞考察

4月25日，依照谭代江提供的线索，我们前往发现熊猫头骨的地点考察。

图2-3 前往熊猫洞考察

图2-4 考察途中

图2-5 三叠系薄层石灰岩

出发前，笔者看了一下队伍，有二十来个人。除了我们的队员，还有新闻记者、乡镇干部和想探个究竟的群众，一路上热热闹闹。

开始，大伙儿行走有序，当走近大约60°的陡坡后，有的人绕道而行，有的人依然攀爬陡坡。笔者选择了后者，攀上了陡坡。跟随后面的记者和群众几乎都接踵而至，因为这条路比较快捷（图2-3）。

越过了陡坡，我们来到了三叠系薄层石灰岩剖面跟前（图2-4、图2-5）。笔着指着溶蚀的石灰岩地层说："你们瞧，由于含有二氧化碳的雨水不停地对石灰岩溶蚀，日久天长，石头被溶蚀了许许多多的小穴、小槽。假若这里的节理发育或有断裂，那就会导致小穴、小槽逐渐扩大成洞穴或裂隙。"

再往前行，大伙儿来到了发现熊猫脑壳的洞穴口（图2-6）。远望洞穴口的形态有点儿特别，像张大的鳄鱼嘴巴。近观却什么也不像。洞身狭窄，只能侧着身子往里爬。爬着爬着，洞室变得更窄更小了，让人直不起腰，而且一片漆黑。笔者借助头灯的亮光，仿佛看到了左侧下方有险情。不知是谁大声喊道："小心，地穴！"

图2-6　第1个熊猫头骨埋藏地点洞口

笔者随即停下脚步，不觉"啊呀"一声，好一个深邃莫测的地穴！怎么办，是前进还是后退？俗话说，自古华山一条路，只能前行（图2-7）！

就在这节骨眼上，后面的张真龙一把抓住笔者的臂膀说："黄老师，莫慌、莫慌，您把身子靠向右侧，然后用右手抓住那块石头朝前一跳，就翻越过去了。"笔者依其指点，到达了安全之地，也就是发现熊猫头骨的那个下洞口。

图2-7　跨越深邃莫测的地穴

没有多会儿，小谭也来到此地。笔者指着洞口问他："这个叫什么洞？"小谭说："地图上无名。""那好，咱们就此机会给它起个名字，依其洞内发现熊猫化石为据，叫它第1个熊猫洞吧！"

不知是谁说了句调皮话："依教授的意思，还有第2、第3、第4、第5、第6个熊猫洞啰！"

3. 下洞寻"宝"

这里所指的"宝"，既不是金银财宝，也不是珍珠翡翠，而是熊猫下颌骨。之所以称其为"宝"，是因为它在生物演化中具有极重要的科学研究价值。

拿魏光飚的话说，本次考察之目的十分明确，就是把谭代江未能取下的那块熊猫下颌骨取出来，以便全方位地了解该熊猫头骨的形态特征和在生物演化中的相应地位等（图2-8）。

都督乡政府对本次考察工作十分重视。为了确保考察任务圆满完成，他们特地请来了重庆探路者户外运动有限公司秦勇。说到秦勇，他可不是只身而

图2-8　黄万波（左）和魏光飚（右）在洞内的情景

来，而是带来了整套探洞设备，诸如静力绳、升降器等。有了这些设备，我们心里踏实多了。

站在下洞口的秦勇，把考察装备检查了一遍又一遍，确保部件安全、装卸稳妥，他才下达口令："依次进洞（图2-9）！"

第一位下去的是带路人谭代江。他可与众不同，下

图2-9　检查静力绳

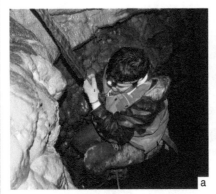

图2-10　系上安全绳下洞
a.陈少坤；b.秦勇

洞不用升降器，抓着绳子就往下溜，呼呼几下就溜到了底。

笔者见状十分佩服地说了句："小谭如此敏捷，犹如山猴下树也。"秦勇笑了笑说："黄老师，山里人胆子大，比这竖井再深点儿的也照样能去。"接着下去的是张真龙，紧跟其后的是陈少坤和秦勇（图2-10）。不一会儿他们都下到了洞底。笔者见了这般情景，也跃跃欲试想下行，可得不到大伙儿的支持，只好等着洞下传来喜讯。

4. 洞下传喜讯

大约过了30分钟，传来了好消息，张真龙说："我们刚一到洞底，就在洞底的右上角见到了许多骨头，从其形态看，大多数是小哺乳动物的肢骨，好像还没有石化。"（图2-11、图2-12）

图2-11　刚下洞底的情景

图2-12 小哺乳动物肢骨

随后在谭代江的带领下，大家走进一个崎岖不平的洞底，穿行了一百来米，进入一个狭窄的通道。洞壁、洞底长满了石钟乳，给大家行走增添了不少烦恼。大伙儿花费了好一阵子工夫才走出通道，来到一个坡地，如谭代江所述，坡地倾角不大，但有点儿滑。我们在距离此处不远的一块斜土堆边停下了脚步，谭代江指着土堆上的那个黑漆漆的东西说："你们瞧！那就是熊猫下颌骨。"

我们仔细地看了看，的确是熊猫下颌骨，在下颌骨周围还有许多骨头。但是，这些东西被碳酸盐类物质胶结得十分坚固，加之坡陡、路滑、工具欠佳，很难把它们全部取下来（图2-13）。

过了好一阵子，陈少坤传话，在大家的共同努力下，熊猫下颌骨终于完好无损地取下来了，同时也把周边的几根长骨装进了标本袋，看样子是熊猫的肢骨（图2-14）。

图2-13 第1个熊猫头骨发现地点的埋藏现状

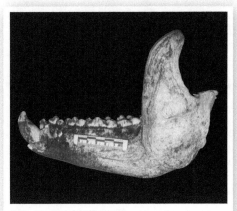
图2-14 第1个熊猫下颌骨

图2-15　出洞

洞穴环境极其复杂，难于开展试掘工作，经魏光飚所长同意，决定收兵返回。第一位上来的是陈少坤，接着是张真龙，最后是谭代江和秦勇等（图2-15）。

在洞口等候多时的魏光飚和笔者，见这些勇士平安地从洞下上来了，心情才有所轻松（图2-16、图2-17）。魏光飚接过装有熊猫下颌骨的袋子，道了声："你们辛苦了！"接着又说："大伙儿稍作休整，养养神，以便爬过关卡抵达出洞口。"

笔者尾随其后，在距离洞口不远的地方，一位化石爱好者在喊："黄教授，您快来看这是什么？"

图2-16　出洞口外的参观者

图2-17　朝出洞口走去

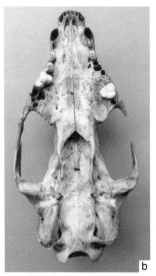

图2-18 果子狸头骨
a.颅顶观；b.腭面观

　　笔者随即应声而去，走近一看，原来是个头骨，稍作清理便露出了真容：大熊猫的好邻居——果子狸（图2-18）。

　　说来有趣，笔者拿着果子狸脑壳刚爬出洞口的那一刹那，被摄影记者拍了个正着，并在《重庆晚报》以"功夫熊猫，功夫教授"为题，报道了我们这次考察活动的全过程（图2-19、图2-20）。

图2-19　笔者拿着果子狸头骨爬出洞口的情景

图2-20　功夫熊猫，功夫教授（《重庆晚报》供图）

5. 就是它的下颌骨

出了第1个熊猫洞，回到了谭代江的住宅，大伙儿十分高兴。随行人员把熊猫下颌骨从包装袋里取出的那一瞬间，把大伙儿给镇住了。笔者立即接过下颌骨，几乎是同一时间，谭代江从屋里把熊猫脑壳抱了出来。笔者立即接过脑壳，左手握脑壳，右手拿下颌骨，上下一扣，两者严丝合缝，完好如初（图2-21～图2-25）。

图2-21　谭代江早先取出的那个熊猫头骨（第1个熊猫头骨）

笔者抱着这个挂念多日的头骨十分激动！拿着它翻来覆去地看呀看，从额骨到枕骨，从顶骨到颅底，除了颧骨、枕骨损坏外，其余都是完好的。看着看着，笔者仿佛看到了它咬着竹笋那憨态可掬的模样……

图2-22　谭代江留下的那个熊猫下颌骨（第1个熊猫下颌骨）取出后的情景

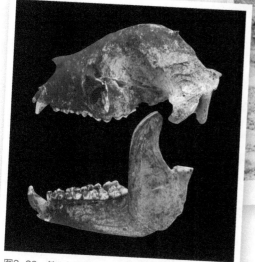

图2-23　第1个熊猫上下颌骨分开的情景

图2-24　第1个熊猫上下颌骨扣合一起的情景

图2-25　第1个熊猫头骨测量时的情景（左：曾启华，右：黄万波）（汤启凤摄）

二 第2个熊猫头骨的发现

在与谭代江交谈的过程中，笔者无意中对他说："上次（2012年）前来都督很开心，目睹了你发现的如此完好的熊猫头骨。在我的野外日记里，把它叫都督的第1个熊猫头骨。倘若有机会再次相见，希望你抱着的不是第1个，而是第2个！"笔者话音刚落，小谭立刻插话："黄教授，您说得不对，下次倘若再有发现，它不是第2个，而是第3个！"笔者接过话茬："此话怎讲？"小谭笑了笑说："在你们到达都督之前，我已经发现了两个熊猫脑壳。你们今天看到的是第2个，第1个没有取出来，还在洞里'睡觉'呢！"笔者即刻比画V形手势，以表祝贺，接着，对小谭提了个请求："可否讲讲第2个熊猫头骨的发现经历？"

谭代江朝笔者笑了笑说："黄教授，在这里谈话不方便，要是不嫌弃，到我家去怎么样？""也好。听说你搬到街上了，还开了个羊肉馆。"小谭爽快地答道："是的，搬来有几年了。""生意还好吧？"笔者接着问。"还行，羊是自己养的，这就减少了一些成本。"我们边走边说，不一会儿就到了羊肉馆，在一间客房坐了下来（图2-26）。

图2-26　与谭代江交谈的情景
（汤启凤摄）

小谭接过妻子备好的茶水，为笔者斟了满满一杯，而后转过身来说："记得是2012年2月的一天，好像是下午1点钟，我和朋友孟春华去山里钻洞，看看有没有我们要找的东西，如好看的景点、好看的石头等。在山里转悠了好半天，我们才找了个看上去很不起眼的洞穴，走进洞口一看，洞室不大，洞底有些乱石头。转过一道弯，洞身开始变大了，就在洞壁的右下方，出现个竖井，朝下一看，特别深。因为我们没有带探绳，也没有照明设备，随后我就与孟春华商量去找刘军，请他帮忙，因为他有探洞设备。我们与刘军联系后一拍即合。不一会儿，他就带着设备来到洞口，然后沿着指点的路线来到竖井边了。"

小谭喘了口气接着说："我们系好了麻绳，安全到达洞底。往四周一看，洞身稍微大了点儿，在洞壁的一边似乎有个通道。刘军过去一打量，没错，就是个通道。大伙儿定了定神，钻进了通道，不觉啊呀一声，洞顶、洞底，还有洞壁都长有钟乳石，在手电筒的光照下闪闪发亮，简直像个水晶宫。过了水晶宫，洞身变狭窄了，其狭窄程度，侧着身子过都费劲儿。由于实在难忍，我便告诉同伴不要跟进来了，在外听口令。"（图2-27）

图2-27　系绳而下的情景

图2-28　鹅管石末端的水滴

图2-29　碳酸盐类物质形成的钟乳石

小谭又说："我爬过了这道难关，进入了一个稍微大点儿的空间，顿时感到豁然开朗，更令我惊叹的是洞底的孔洞怎么那么圆滑，好像是机器打磨出来的。随即抬头一看，洞顶有滴水。此时，也只有此时，才感受到古人云'水滴石穿'的真实含义啊！"（图2-28、图2-29）

笔者边听边做记录，被小谭的讲述深深地打动了，感慨地说了一句："很可惜未能与你同往，失去了一次探索地下世界的极佳机会！"

话音刚落，小谭又接着讲："当我转过身来往里钻时，在我正前方有一块巨石。我使尽全力往右侧一推，巨石掉进一个深邃的竖井，一阵石头碰壁的轰鸣声打破了宁静的气氛。随后我绕过竖井，侧着身子钻进了一个狭窄的裂缝，拿出手脚并用之力。过了好几分钟，裂缝才宽敞点，可以直着身子行走了……（图2-30）越往

图2-30　谭代江在洞里爬行的情景

前，空间越大，我用手电筒往前一照，感觉正前方有堆横七竖八的怪东西，走近一瞧，原来是骨头，表面覆盖着钙质胶结物，骨头形态有长有短，有的像脊骨、有的像肋骨。我伸手摸了摸，结结实实的，本想取走几块，然而赤手空拳，无能为力。用石头砸吧，倒是可行，但会破坏了原样，于是我只好弃之而回！"

笔者紧问道："随同进洞的伙伴呢？"谭代江打了个手势说："当我往回走的时候，他们俩跟了过来，并问我看到些什么。我说啥也没有看见。说完，我们沿着洞边爬上一个缓坡，往前一看，在一块石头旁边有个窝，是用竹叶铺的。大伙都觉得奇怪，怎么在这个漆黑的地下有窝呢？"

笔者接过小谭的话茬："看样子，窝的主人是一种穴居老鼠，这种老鼠的个头特别大，我在巫山县考察时见到过。"小谭听后点了点头，表示认可，而后继续讲："我们越过那个竹叶窝就出洞了，出来后把观察到的情况向乡政府作了如实的汇报。乡领导听后十分高兴，并决定找秦勇前去做进一步考察。"

图2-31　熊猫牙齿（左：前臼齿，右：臼齿）

事后，笔者与秦勇交谈。当谈及谭代江等探索的那个洞穴时，秦勇直言道："那个洞穴我去过，并到达了发现骨头的地方，经我仔细地观察，确实是一堆被碳酸盐类物质胶结起来的骨头，其中还有个模样像脑壳，我还从它旁边取走了两颗牙齿。"说完，他从衣兜里把牙齿拿了出来。笔者接过一看，是大熊猫的牙齿：小的一颗是前臼齿；大的一颗是臼齿，而且是上臼齿（图2-31）。

由此可见：谭代江见到的那堆骨头，其属性为大熊猫；秦勇取下的牙齿，来自其头骨，也就是本书记述的第2个熊猫头骨。

三 第3个熊猫头骨和1个下颌骨的发现

图2-32 犀牛臼齿

说到第3个熊猫头骨和1个下颌骨的发现，其经历更为有趣。趣在哪里？趣在这是一颗犀牛牙齿引申出来的发现（图2-32）。

事情的经过是这样的，都督乡附近有个岩洞，名叫犀牛洞，洞口高出地面约5米，洞口高大、向阳，很适于人类居住（图2-33）。2012年深秋的一天，曾在此洞居住过的村民黄金山，把他在洞壁下拾到的一颗牙齿交了出来，后经专家鉴定为史前时期的犀牛牙齿，此洞因此而得名。

谭代江获悉黄金山在洞里发现了犀牛化石，便立刻把这个消息告诉了廖乡长。廖乡长听后十分重视，既然发现了犀牛化石，说不定还有其他化石，如大熊猫化石等。有鉴于此，都督乡政府决定派秦勇和谭代江前去犀牛洞探个虚实。不出所料，他们发现了熊猫化石，而且还是脑壳。

笔者打听到犀牛洞发现熊猫脑壳的来龙去脉后，再一次拜访了谭代江。依日程安排，笔者于2016年8月25日下午4时许，只身来到羊肉馆，谭妻见笔者急忙打招呼，接着呼唤谭代江："黄教授来了。"不一会儿，谭代江拿着一包羊肉从后房来到前台，边走边向笔者问好："我们又有多日不见了，您身子骨还是那么棒！"

笔者急忙答话："多谢关心！今天前来拜访，目的十分明确，就是想听听有关犀牛洞发现熊猫脑壳的事儿。"小谭十分爽快地点点头说道：

图2-33 犀牛洞口

那没有问题，尽我所知，原原本本地告诉您老人家。2015年2月30日，那天天气很好，廖乡长一大早就下达指示，明天去探犀牛洞，让我做好准备。第二天，我和秦勇早早地来到了犀牛洞，摄影爱好者陈德忠也来到洞口。秦勇依探洞经验，对犀牛洞的形态作了推断，认为这是个水平型的洞穴，洞底比较平坦，洞壁有水蚀痕迹。

图2-34　谭代江在水沟的情景

但是，当我们走到尽头，洞身突然倾向深处。近观，陡峭而深邃，一眼看不到底。后经研究，乡政府同意让我们深入地下，探个究竟。

在秦勇带来的探洞行头帮助下，我们从一个V字形裂缝顶端缓慢地滑了下去。当到达底部后，全是淤泥，很不好走，我们只好沿着淤泥旁边的一条水沟往前行，过了好一阵子才到达了一个崎岖不平的边石坝跟前。秦勇回头告诉我，前面是斜坡，看样子更不好走。但我们俩小憩片刻后，硬是爬了上去（图2-34）。

上去一看，仍然是泥巴，软软的，见了这般情景我真有点儿害怕，怕软泥下是空的，如果踩得不当后果不堪设想。秦勇见我这个样子即刻安慰我："没事儿，我见得多啦，软泥下差不多都是硬石板，倘若下面是空心的，泥巴哪能留得住呢！"

秦勇说完，我们继续朝前走，走着走着，秦勇突然冒出一句："你到前面走。"我立刻感到不对劲儿，再看他一副发愁的面孔，秦勇是不是想打退堂鼓了？因为洞穴过于狭窄，又没有什么可看的。此时，我也似乎有点泄气，洞身不仅狭窄，空气质量也越来越不好了。在这节骨眼上，还是秦勇有经验，他拍拍我的臂膀说道："这么办，你到前面去看看，若有情况，及时告诉我。"

那也好，我就只身前去看看。我穿过石缝到了一个稍微大点的空间。再往前，又是个陡坎，我爬上去一看，有个水坑，水坑上还有小股流水注入其中。除此之外，没有洞穴也没有缝隙，看来我是走投无路了。

秦勇虽然未与我同行，但他一直在关注着我。看我无路可寻，于是呼唤我返回。面对现实，只好如此。我边走边寻思，今天怎么这么不顺，拿着手电筒无意地乱晃，当转向身边的水沟，突然发现水里有根骨头。我一个健步就下到了沟底，拾起一看，是骨头，一尺来长。于是呼叫秦勇："发现骨头了！"

秦勇不以为然："骨头没啥，看看有没有牙齿。"我说："还没有发现。"我心想，骨头也是个宝，拿出来再说。秦勇再三催我："快回来吧！""别着急，一会儿就到。"由于赶路，我不慎把骨头滑下了水沟。真糟糕，是拿还是不拿。此时我想起了黄教授的话：洞穴的考古遗物，样样都有科学研究价值。于是，我便拿定主意，下沟取回。当我下到水沟的那一刹那，感觉水温比刚才的更为冰冷。我拾起骨头就往上爬。

当我拾起骨头往上爬的时候，突然发现靠沟壁的岩石凹陷处，势如小穴。于是我好奇地用手电筒对准一照，里面有个东西，再仔细瞧，我的天呀！真是老天恩赐！一个完整的熊猫头骨待在那儿。秦勇一听发现了大熊猫头骨，随即跑了过来，三步两步就下到了水沟里。由于心急，搞得沟水四溅。这时，我双手已插入头骨底下的砂层，感觉是硬硬的，而后往前、往上一铲，一个完好的熊猫头骨和扣在一起的下颌骨拿到手了。再说，此时的心情，很难用语言来表达（图2-35～图2-37）！

秦勇见状，拿起相机咔嗒咔嗒地拍个不停，为我们留下了一帧帧终生难忘的图片资料！然后我们打算出洞了。然而没有料到，老天爷再度恩赐，秦勇在距离熊猫头骨不远的水沟边发现了一块

图2-35 谭代江捧着第3个熊猫头骨的情景

图2-37　第3个熊猫头骨（侧面观）

图2-36　第3个熊猫头骨（腭面观）

下颌骨，但不完整，只有一半，而且牙齿也缺失了好几颗（图2-38）。这样一来，我们在犀牛洞找到了两件熊猫化石：一个是带下颌的头骨；另一个是单独的下颌骨。

图2-38　在距熊猫头骨不远处发现的熊猫下颌骨

谭代江看了看笔者，不好意思地说："教授，那天要是在下颌骨附近继续寻找，那个下颌的脑壳一定能找到，说不定还有更多的发现！"

图2-39 黄万波在犀牛洞与秦勇（左）交谈的情景

笔者应声道："如此说来，这个下颌骨将会有脑壳啰！"

后来，笔者又与秦勇交谈。对犀牛洞大熊猫化石的发现，他十分动情地说了一句："黄教授，这么美好的机遇，一生能有几次呀！"

对此笔者也深有体会，这么美好的机遇，诸如蓝田猿人下颌骨、和县猿人头盖骨等的发现，当时笔者内心的感受与他们恐怕是一样的（图2-39）。

说完，笔者对秦勇道了一声："多谢你和谭代江为研究大熊猫的前世与今生增添了新的内涵。这次来都督很开心，既目睹了你们发现的熊猫化石，又见到了精彩的照片。但是，那天在乡政府见到的第3个熊猫头骨，情况不好，说严重点儿，已经破烂不堪。这是怎么回事儿？"

（图2-40～图2-42）

图2-40 出洞时第3个熊猫头骨已有破损（陈德忠摄）

秦勇十分尴尬地说："第3个熊猫头骨出土时，

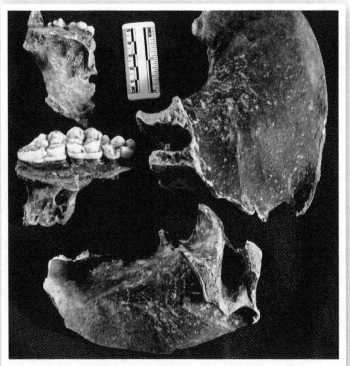

图2-41　2016年8月见到第3个熊猫头骨时再度破损（孙鼎纹摄）

图2-42　黄万波（右）和李华（左）测量第3个熊猫头骨（孙鼎纹摄）

由于它一半是泡在水里的，所以骨质受潮；加之，出土后没有经验，放在背包里受了挤压，事后又没有及时修复，几经周折，可不就成了目前所见的模样了。""看来，今后若有新发现，对标本的科学采集、科学保存是至关重要的。"笔者说。

四 第4、第5个熊猫头骨的发现

关于第4、第5个熊猫头骨的发现，其故事情节更为简单，用几个字便可描述：踩踏出来的。听起来有点儿令人难以置信，但说白了，就是这么回事。

2015年3月28日，秦勇与成都《加号文化》摄制组在都督拍《极限黑暗》纪录片，决定把谭代江等发现的首个熊猫化石纳入制片中。

图2-43　第4、第5个熊猫头骨发现地点洞口（洞口的围栏是文物部门为保护洞内熊猫化石而加上的）

29日，秦勇一行来到了目的地，按常规作业，有条不紊地依次下到洞里。在秦勇的带领下，他们很快到达了指定地点（图2-43），打开照明设备，照得洞底、洞壁一片光明。摄制组对这个梦幻般的地下美景甚感兴趣，尤其是对埋藏着熊猫化石（前文提到的第2个熊猫头骨）的堆积层和露出的部分骨头与牙齿，看了好几遍。布灯光，对焦聚，忙个不停。左右、上下拍摄，花了不少时间，最后总算达到了心满意足的效果（图2-44）。

秦勇对摄制组成员的辛劳

图2-44　碳酸盐类物质形成的梦幻般的地下美景

付出感到十分满意，但还是一再地叮嘱他们把应收集的资料收全。当他们点头表示满意了之后，才结束返回。

在返回的路上，尽管走过一遍，还是不那么顺畅，磕磕碰碰在所难免。穿过一道道怪石嶙峋的沟槽时，稍不留神就会摔跤。

秦勇就尝到了摔跤的滋味。原来，秦勇开始觉得自己走过多次，不以为然。但由于沟槽嶙峋，地面水汽十足，忽然他吱溜一滑，要不是反应敏捷，差点摔了个大跟头。

他定了定神，拿起手电筒往下一照，原来是碳酸钙物质胶结起的小鼓包。在包下的凹陷处，好像有几个发亮的小白点，秦勇立刻蹲下："啊呀，是牙齿！齿尖、棱脊清清楚楚。没错，熊猫牙，熊猫牙！"他接着喊："不要走那儿，不要走那儿，发现熊猫牙了！"

这时，刘军不顾脚下乱石磕碰，第一个来到秦勇跟前。紧跟其后的摄制组，立刻就架起了三脚架，以动态画面记录了"踩踏"出熊猫化石的全过程（图2-45）。

图2-45　被踩熊猫真容，即第4个熊猫头骨

此时，秦勇的脑海里浮出了又一个念头：既然这儿有，没准儿附近还有。于是他打开照明灯，目不转睛地寻觅了起来。摄制组成员也激动不已，自找目标，分头寻觅。

摄制组的林峰，对考古十分感兴趣，回头过来就朝那光溜溜的半透明的石头走去（图2-46）。石头色调有灰有黄，就在那灰黄混杂的石块中央，他发现了一个圆形滑溜的东西。远看，好像是零乱的牙齿，近瞧，一点儿也不乱，排列有序。林峰伸手摸了摸，自言自语地说了句："跟刚才见到的那个一模一样。"

图2-46 半透明的碳酸盐沉积

图2-47　第5个大熊猫头骨

　　在附近寻觅的秦勇、谭代江等一听是大熊猫的，也立刻围了过来，目睹了这一激动人心的大发现——第5个大熊猫头骨（图2-47）。

　　笔者事后访问了秦勇，当谈及第4、第5个大熊猫头骨的发现时，那股兴奋劲儿马上又流露在他的脸上。

　　2016年8月23日，廖乡长为协助本书采集第4、第5个熊猫化石的测年样品，再次邀请了秦勇、刘军等人前往该地点。他们到达目的地后，打开保护栏，轻车熟路地采集了第4和第5个熊猫化石测年样品。采样结束后，爱好探险的刘军，爬上那块滚石顶端，得意地呼喊秦勇："风景这边独好！"秦勇立刻举起照相机，留下了他那壮丽的姿容（图2-48）。

秦勇等很有保护意识，离开时把洞口的保护栏杆依旧还原，如此行为值得称赞（图2-49）！

　　读者看完了这个部分的文图，会发现这个溶洞埋藏的大熊猫化石共计3个，即第2、第4和第5个熊猫头骨。在同一个溶洞里埋藏着如此多的熊猫

图2-48　刘军站在滚石顶端

图2-49　还原保护栏

图2-50　考察都督熊猫化石途中

头骨化石，这是十分罕见的。就目前所悉，仅都督一处（图2-50）。由于地点紧靠长江，又是史前的熊猫，受此启发，笔者萌生了本书书名：《大熊猫的前世今生：长江都督史前熊猫大发现》。接下来说点题外话。

与大熊猫头骨有关的题外话

（1）都督出土的熊猫化石或亚化石，在骨头表面差不多都黏附着一层黑色、褐黑色或灰黄色的物质，这是怎么回事儿呢？根据埋藏学研究者的意见，化石表面的色调是膜壳层中含有的方解石（$CaCO_3$）、菱铁矿（$FeCO_3$）、碳羟磷灰石 [$Ca_{10}(PO_4)_3(CO_3)_3(OH)_2$]、磷铁矿 [$Fe_{25}(PO_4)_{14}(OH)_{24}$]、赤铁矿（$Fe_2O_3$）等化学物质形成的。而这些化学物质来源于化石周围的土壤和地下水。

（2）在与秦勇交谈结束后观看他们拍摄的照片时，有幅照片引起了笔者的注意。在其下方有一长圆形图案看似剑齿象乳齿。倘若是真的，这将再次表明，剑齿象与大熊猫常常是形影不离的，在同一生态圈里相伴生活了200多万年（图2-51）。

图2-51 照片下方长圆形图案疑似剑齿象乳齿

（3）都督发现的5个熊猫头骨和1个下颌骨，发现者的描述和拍摄的图片，几乎都展示出不仅有头骨，而且还有颅后骨骼，这是已知的埋藏情况。依其大面积的岩溶洞穴而言，说不定还有若干个未知的熊猫化石沉睡其间，有待揭晓。

（4）这是史前的国宝熊猫，值得我们对它们开展科学研究，笔者也建议可在都督建立一个"前世熊猫自然保护基地"。

熊猫头骨破裂之谜

　　这里破裂的熊猫头骨，是指前文所说的第1个熊猫头骨。

　　第1个头骨是笔者最早见到的。初观之时，头骨左右侧都有不同程度的破裂，但右侧较为严重。起初笔者以为是埋藏过程中与石头碰撞造成的，后来用放大镜观察，破裂面规整，周边无裂纹或疤痕。这样的性状很难用自然碰撞解释，于是笔者产生了新的思路：会不会是古人用石器砍的，或者是今人用刀砍的？下面，就此话题作一简要剖析。

1. 头骨

（1）顶面观：鼻骨、上颌骨完好，左侧颧弓弓部缺失。右侧从颞骨颧突基部经顶骨至枕骨一线破裂，其破裂面与颅骨轴向约呈35°相交（图3-1、图3-2）。

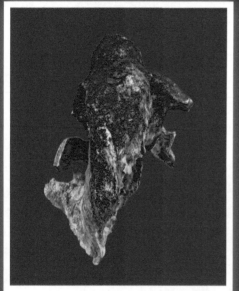

图3-1　第1个熊猫头骨左右侧破裂形态（顶面观）

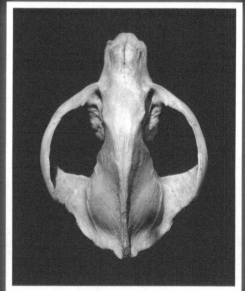

图3-2　今生大熊猫头骨（顶面观）

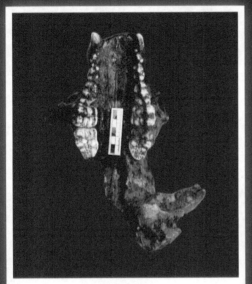

图3-3 第1个熊猫头骨破裂形态
（修复前之形态腭面横向观）

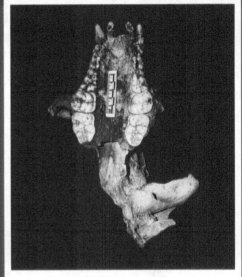

图3-4 第1个熊猫头骨破裂形态
（修复后之形态腭面横向观）

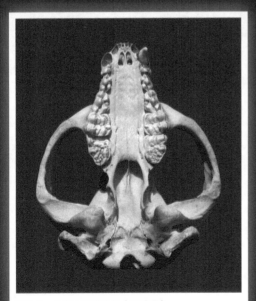

图3-5 今生大熊猫头骨（腭面观）

（2）腭面观：腭骨及颊齿保存，内侧门齿缺失。左右侧破损情况与顶面观察基本一致（图3-3～图3-5）。

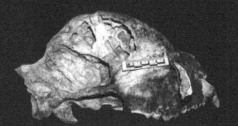

图3-6　第1个熊猫头骨右侧破裂形态
（正面观）

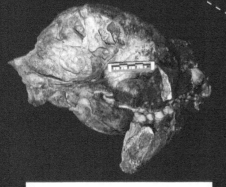

图3-7　第1个熊猫头骨及下颌骨咬合后
右侧之破裂形态（正面观）

图3-8　第1个熊猫头骨及下颌骨咬合后
右侧之破裂形态（底面观）

（3）侧面观：左侧，颧弓弓部
缺失，断面陡直。右侧破裂情况与
顶面观察一致（图3-6～图3-8）。

2. 下颌骨

下颌骨破损相对较轻。总体来
看：左侧犬齿、门齿缺失，其余部分
保存完好；右侧上升支基部破裂，其
余部分依然完好（图3-9）。

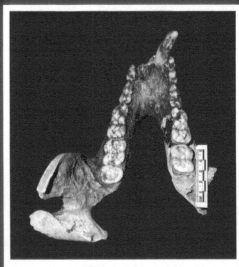

图3-9　第1个熊猫下颌骨破裂形态（嚼面观）

二 破裂机理分析

依据以上形态观察，第1个熊猫头骨左右两侧的破裂情况是：左侧轻，仅颧骨弓部破裂；右侧重，从颞骨颧突基部经顶骨至枕骨一线破裂。两侧的破裂断面规整，断面周边无裂纹。因此，可以排除自然因素或采集时造成的，而考虑是人类行为的产物。

所谓人类行为，不外乎古人或今人。古人一般用石器砍砸；今人一般用刀砍砸。

众所周知，人类演化进入石器时代，使用的生产工具是石器，如砍砸器（图3-10）、刮削器、尖状器、薄刃斧（图3-11）等；进入铜器、铁器时代，使用的生产工具是刀具，如菜刀、砍刀、斧子等。

图3-10 砍砸器

为了论证大熊猫头骨破裂的行为工具是石制品还是金属制品，我们作了相应的对比实验，实验标本为山羊头（图3-12），工具为薄刃斧（石器制品）和砍刀（金属制品）。

图3-11 薄刃斧

图3-12 实验标本——山羊头

1. 金属制品——砍刀

羊头质地新鲜，我们邀请了村民龙代清前来执行操作。龙代清是木匠出身，砍砸视线准确，着力点集中。

操作工具是一把锋利的砍刀，着力部位参照第1个熊猫头骨的破裂模式执行，即从颞骨颧突基部经顶骨至枕骨一线，方位与颅骨轴向斜交。

龙代清瞄了瞄羊头，又仔细地看了看模式标本破裂面形态与方位，紧接着对准视线就是3刀，动作十分利索，从颞骨颧突基部至枕骨一线破裂，断面平直，颅内额窦中隔与颅中隔和筛骨板之间的骨板也完好如初（图3-13）。

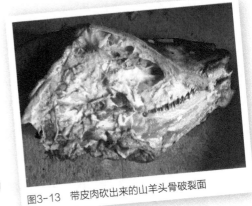

图3-13　带皮肉砍出来的山羊头骨破裂面

2. 石器制品——薄刃斧

结束了金属制品之作，随后是石器上阵，标本仍然是山羊头，工具乃薄刃斧。

其操作亦参照第1个头骨的破裂面，即从颞骨颧突基部至枕骨，方位与颅骨轴向斜交。砍了好几下，脑壳是破裂了，但是破裂方位不是从颞骨颧突基部至枕骨，而是乱七八糟。不仅如此，额骨、顶骨也碎了。至于颅内的骨板，距砍击点近者粉碎，远者成锯齿状。

读者也许会问：第1个熊猫头骨之破裂，是带着皮肉砍的，还是剥去皮肉直接在骨头上砍的？这个问题我们已考虑在内。为了对比，一个是带着皮肉砍的；另一个是剥去皮肉，直接在骨头上砍的。带皮肉操作的标本，前文已作了叙述，这里就不再赘述了。下面着重叙述不带皮肉的操作结果：由于刀刃直接与骨头相遇，两者硬碰硬，加上颅内是软弱的，使接触部位出现反弹，重则导致整个头颅破裂，轻则导致砍痕两边出现裂痕。因此，第1个熊猫头骨的破裂情景不应是剥去了皮肉之后砍的，而是带着皮肉砍的。砍下之后，执行者将其丢入洞穴，后经地质作用，皮肉腐烂、钙质物胶结，久而久之，变成了目前所见的模样（图3-14～图3-19）。

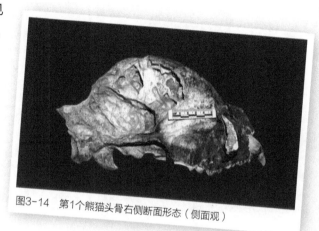

图3-14　第1个熊猫头骨右侧断面形态（侧面观）

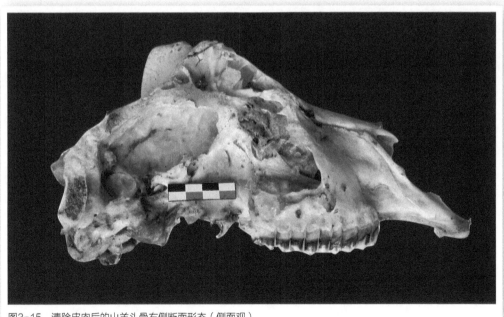

图3-15　清除皮肉后的山羊头骨右侧断面形态（侧面观）

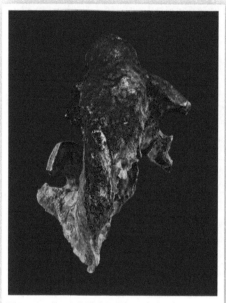

图3-16 第1个熊猫头骨断面形态（背面观）

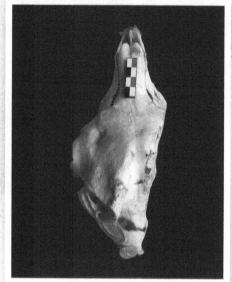

图3-17 清除皮肉后的山羊头骨断面形态
（背面观）

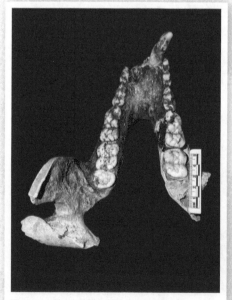

图3-18 第1个熊猫下颌骨右侧断面形态

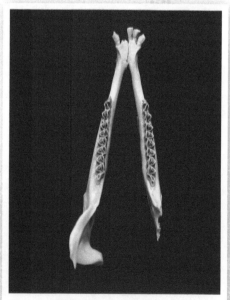

图3-19 清除皮肉后的山羊下颌骨右侧断面形态

通过不同方式的实验对比，我们对第1个熊猫头骨之破裂机理总结解读如下。

（1）假如第1个熊猫头骨的破裂面是带着皮肉用石器砍的，那就会出现带着皮肉用石器砍的那个羊头模样：破烂不堪。

（2）假如第1个熊猫头骨的破裂面是剥去皮肉用石器砍的，那就会出现剥去皮肉用石器砍的那个羊头模样：断面不规整，周边有裂纹，重则头颅破损。

（3）假如第1个熊猫头骨破裂面是带着皮肉用刀砍的，那就会出现我们用刀砍的那个羊头模样：断面规整，周边无裂纹。

（4）假如第1个熊猫头骨破裂面是剥去皮肉用刀砍的，那就会出现我们用刀砍的那个羊头模样：断面不规整或破损严重。

通过横比、纵比、纵横比，第1个熊猫头骨的破裂机理，可以排除自然营力，可以排除石制品砍砸。换言之，都督第1个熊猫头骨的破裂机理，唯有刀砍莫属。现在的问题是：人类用刀的时代是否与第1个熊猫头骨的年代一致？带着问题，我们来看看两者的年代。

3. 年代之佐证

2015年岁末，都督乡政府与《国家地理》合作拍摄一部纪录片，其中有段情节需要采访笔者和陈少坤。拍摄道具用的是熊猫标本，一件是书中叙述的来自都督的第1个熊猫头骨，另一件是书中记述的第3个熊猫头骨。

采访结束后，笔者从第1和第3个熊猫头骨上采集了少许测年样品。回到北京，将其样品及时地送给了北京大学考古文博学院。2016年11月3日，两件熊猫标本的碳十四测年数据由北京大学考古文博学院反馈回来。反馈材料中说，所用碳十四半衰期为5568年。树轮校正所用曲线为Int Cal 13 atmospheric curve（Reimer et al 2013），所用程序为OxCal v4.2.4 Bronk Ramsey（2013）。

依据以上程序操作获得的两件标本的年代数据为：

（1）1号标本（第1个头骨）6130±25 BP；

（2）2号标本（第3个头骨）30 380±110 BP。

从以上测年数据不难看出，第1个头骨为6130年前，其时代界面不在旧石器时代（旧石器时代界面为约10 000年前），已进入新石器时代（新石器时代界面为约10 000年后）。

我们知道，人类发展到新石器时代，智商也大为提高，例如，9000年前的河南舞阳贾湖遗址，出土过用鹤尺骨制作的极其精美的7孔骨笛（图3-20）。由彼及此，6130年前的古都督人可能已掌握金属制作技能，制作出了刀具，从而在第1个熊猫头骨上留下了挥之不去的人类行为的佐证。

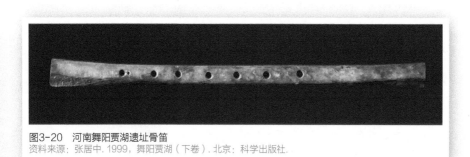

图3-20 河南舞阳贾湖遗址骨笛
资料来源：张居中.1999，舞阳贾湖（下卷）.北京：科学出版社.

读者也许会问，青铜器出现的年代，最早也不过4000年左右，铁器出现的年代，最早也不过3000年左右，相比第1个熊猫头骨的年代晚了许多年，这是怎么回事儿？

依笔者之见，这种不协调现象的存在，表明都督的熊猫研究工作有待进一步深化，同时也启迪了人们，在研究大熊猫化石、亚化石的同时，还要重视人类行为的研究。总之，笔者相信科学的发展总有一天会克服所有的矛盾与困难，都督第1个熊猫头骨破裂的机理、年代等问题也会有进一步的研究成果。

第四章

大熊猫的
左邻右舍

一　左邻右舍的含义

所谓大熊猫的左邻右舍，指的是与大熊猫生活在同一生态圈的动物：如出没于森林、灌丛、草地的剑齿象；喜食竹子的小熊猫；还有长鸣于树梢的长臂猿等。

然而与都督大熊猫朝夕相处的左邻右舍，在我们重返都督之前，无人知晓，换言之，它们是我们重返都督之后才发现的。

二　左邻右舍的发现

图4-1　犀牛洞（孙鼎纹摄）

大熊猫左邻右舍的发现是我们筹办《大熊猫的前世与今生》展览引申出来的话题。

2016年初春，重庆自然博物馆策划《大熊猫的前世与今生》展览，为收集展品，了解到丰都县都督乡曾发现过大熊猫化石，我们决定前往都督调研。

　　我们是8月19日抵达都督的，同往的有笔者、李华、孙鼎纹、周勇和汤启凤。到了都督，廖乡长十分热情地向我们介绍了都督的地质、地貌、岩溶洞穴、生态环境等自然景观，重点叙述了大熊猫化石的发现及其现状，并指出犀牛洞的埋藏条件较好，不仅有完好的大熊猫脑壳，还出土过犀牛牙齿，建议我们先去那里看看。

1. 走进犀牛洞

　　8月20日8时许，在廖乡长的带领下，我们走进了犀牛洞（图4-1～图4-3）。该洞海拔1030米，地理坐标为北纬29°37′54″，东经

图4-2　走进犀牛洞

图4-3　犀牛洞碳酸盐类沉积物——石柱（孙鼎纹摄）

108°58′29″。大伙儿站在这个富有传奇色彩的
洞口，心情格外开朗，接着便放下背包，拿着
行头，从不同的视角对犀牛洞进行了考察。笔
者和汤启凤考察洞穴，李华、孙鼎纹和周勇寻觅
化石。

图4-4　大熊猫上臼齿

　　洞穴考察工作包括分析洞穴形态、洞口朝
向、基岩产状、海拔高程、地理坐标，以及堆积
物岩性、层序等事项。除此之外，还要绘制洞穴平面图和剖面图。

　　经过2个多小时的忙碌，我们发现，犀牛洞属水平型溶洞，洞口高大、
向阳，入洞大约20米后洞室变窄，并拐向北东，直至60米处呈90°倾角下
陷至另一个洞。

　　寻觅化石的李华、孙鼎纹和周勇也收益显著，找到了不少骨片和单个牙
齿。当笔者走到他们摆放着的化石跟前，一颗耀眼的牙齿进入眼帘，拿起一
看，是颗大熊猫上臼齿（图4-4）。

　　站在周勇旁边的李华一听是大熊猫
的，立刻竖起大拇指，十分高兴地说：
"它出土在洞的中段，靠洞壁下的灰砂
土层。我拿着它怪好看的，就不确定是
什么动物的！原来是颗熊猫牙齿！"
（图4-5）

　　李华的兴奋劲儿感染了周勇，他信
手拾起那块石片，转身递给了笔者：
"教授，您看看是不是石器？"

图4-5　李华手中的大熊猫上臼齿（即图4-4的那颗熊猫牙齿）

　　笔者在周勇拿起石片的那一刹
那，已经注意了它的模样：周围有好
几个疤痕。再一细瞧，没错，是疤痕，真有点儿像石器。笔者思索了一下

图4-6 疑似人工打击石片

对周勇说："还是严谨点儿好，待进一步研究后再定。"（图4-6）

接二连三的发现激发了大伙儿的考察热情。大家各奔东西，在有希望的堆积中，聚精会神地寻觅了起来。

快到晌午之时，笔者看了看不同类型的标本，就它们的材料性状和色调来说，处于半石化状态，可称为亚化石。

此时，不知是谁吆喝了一声："该吃午饭了。"大伙听了吆喝声，不约而同地来到洞口，砌灶的砌灶，拾柴的拾柴，不一会儿就做好了"烤炉"野餐。瞧，大伙儿看着美食露出来的笑容美滋滋的（图4-7、图4-8）！

午饭后，笔者建议："咱们在此先合个影，然后扩大寻找范围，深入到主洞和支洞的各个角落，没准儿能有新发现。"（图4-9、图4-10）

说来也巧，考察犀牛洞的信息不胫而走，前来围观的人群中有位小伙

图4-7 野餐烧烤（孙鼎纹摄）

图4-8 野餐烧烤（孙鼎纹摄）

图4-9 考察队员在犀牛洞的留影

图4-10 刨化石（孙鼎纹摄）

子，他看着我们寻觅起化石来是那么执着、认真，一会儿找到颗牙齿，一会儿拾起块骨头，于是也沉不住气了，借助手机的亮光，独自在一个支洞里觅了起来（图4-11）。

他叫彭晓波，当地人，看上去精明能干。没有多大会儿就在支洞尽头一个凹坑的砂土里找到了10来颗牙齿（图4-12）。此时的小彭，甭提有多兴奋，他爬出支洞口，朝着主洞高声呼喊："这里头有你们要找的东西，快到这里来！"

笔者听后立刻奔了过去。此时，小彭捧着化石已从支洞返回了主洞。在洞口的自然光照下，一颗特大的牙齿引起了笔者的注意。笔者接过一看：好一颗犀牛牙齿，保存得如此完好，难得！难得（图4-13、图4-14）！

图4-12 彭晓波在支洞口捧着化石的情景（孙鼎纹摄）

图4-11 彭晓波在支洞寻觅化石的情景

图4-13　犀上臼齿

这颗牙齿干干净净，没有被碳酸盐类物质胶结。依据其外脊、前脊、后脊、内谷和前棘的形态，我们判断是颗上臼齿。其咀嚼面磨蚀较重，看来是头老犀牛了。

8月21日上午，依小彭的指点，大伙儿爬进了出土犀牛牙齿的支洞（图4-15），走进一看，洞室很窄小，洞底石块、泥巴凌乱不堪。然而蹲下一瞧，骨片、牙齿随处可拾，不到半个小时，大家就采集了数十块标本（图4-16～图4-19）。笔者看着这般情景，深有感触地说："一个很不起眼的小洞穴，却隐藏了如此丰富的考古遗物。"

我们回到住地，把标本作了全面的清洗，经初步统计，一共200来件，

图4-14　观看彭晓波在支洞觅到的化石（孙鼎纹摄）

图4-15　进入支洞的情景（孙鼎纹摄）

图4-16　支洞觅化石

图4-17　把支洞寻觅过的泥巴运到洞口再寻找（孙鼎纹摄）

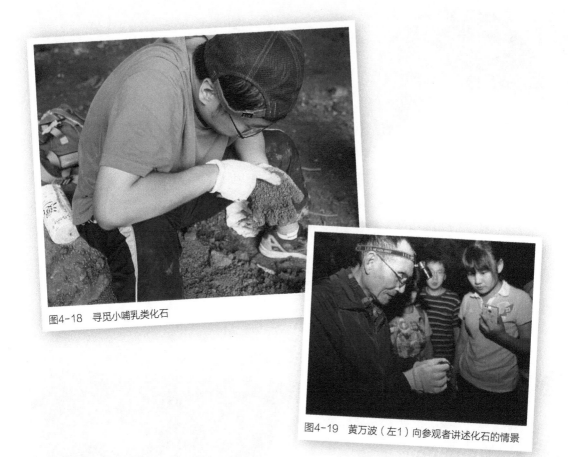

图4-18　寻觅小哺乳类化石

图4-19　黄万波（左1）向参观者讲述化石的情景

其中牙齿多，骨骼少且破碎。值得关注的是长臂猿、大熊猫和小熊猫。这几种动物的出现表明古都督所在地不仅有森林，而且有竹林，林地面积不会太小（图4-20）。

为了标定化石的出土地点和地层层位，我们在绘制的洞穴平面图上作了简介，特别是熊猫化石，我们还在它的同一层位采集了棕褐色砂质黏土样品，待日后分析沉积环境时备用（图4-21、图4-22）。

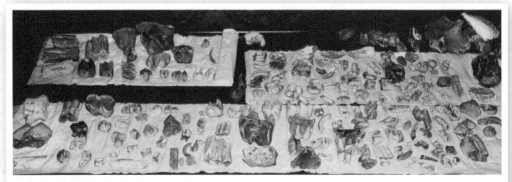

图4-20 清洗后的牙齿、骨片

图4-21 犀牛洞支洞平面图（洞穴围岩为嘉陵江石灰岩）
注：图中1~4为试掘区
1区化石：豪猪、叶猴、剑齿象、犀、貘、牛、鹿等；
2区化石：长臂猿、大熊猫、貘、牛、鹿等；
3区化石：大熊猫、貘、鹿、麂、牛、羚羊等；
4区化石：熊、小熊猫、牛、鹿等

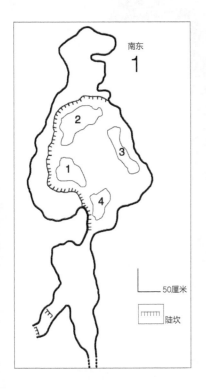

图4-22 犀牛洞支洞地层剖面（铅笔标记处含大熊猫、长臂猿等化石）

2. 再进矮子洞

当我们结束了犀牛洞的考察，准备返回住地之时，笔者突然想起民工彭世龙说的一则信息，说在犀牛洞附近还有个岩洞。

这时正好，趁结束之机去一趟！于是笔者招呼彭世龙："你不是说在犀牛洞附近还有个岩洞吗？能不能带我们去那儿看看？"彭世龙接茬道："那好，我们明天就去。"

8月24日是个大晴天，彭世龙一大早就来到洞口，看我们还未抵达，便坐下休息、等候。大约8点10分，我们到达了指定地点。彭世龙放下挖掘行头往路边一指，你们瞧，那就是洞口。

图4-23　矮子洞（孙鼎纹摄）

不知是谁说了一句："这么个模样的洞口，似如裂缝。看样子，得蹲、爬并行。"

笔者见后亦有同感，洞口太矮小了，回头问了问彭世龙："这洞叫什么名？"彭世龙摇了摇头："无名。""那好，就叫它矮子洞（图4-23）吧！"笔者说道。

大伙由于探洞心急，跃跃欲试往里钻。彭世龙一看急忙发话："别急别急，让我先进去看看，倘若有化石可寻，你们再进！"话虽这么说，但彭世龙刚一进去，我们便接踵而至，在距离洞口大约6米处，彭世龙喊叫起来："黄教授，拾到牙齿了！"笔者赶紧跟上，接过一瞧，是块残破的剑齿象齿板，从崭新的断裂面推测，其出土地点可能就在附近。于是笔者告诉彭世龙："看看附近有无新鲜的堆积物质。""教授，见到新鲜的堆积物了。不仅如此，还从堆积层刨到一块骨头。"彭世龙高兴地回应。

图4-24 趴着寻觅（孙鼎纹摄）

图4-25 蹲着寻觅

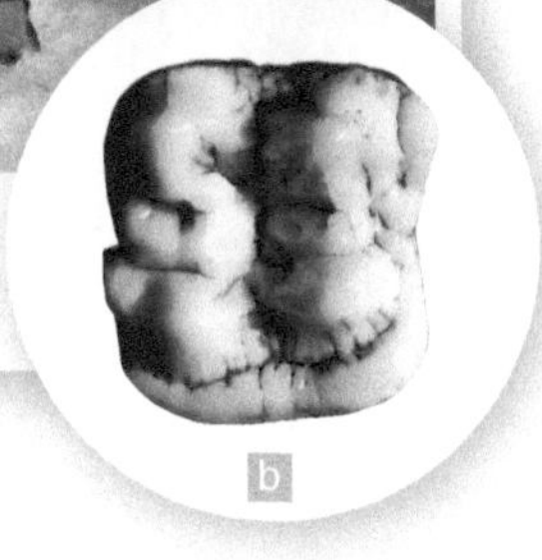

图4-26 熊猫牙齿
a.土块里有颗熊猫牙齿（孙鼎纹摄）；
b.修复后的熊猫牙齿

没多久，彭世龙又刨到一颗完好的犀上臼齿。表面无钙质胶结，嚼面釉质层轻度磨蚀，看来是头中年犀（图4-24）。

接下来，李华和同伴在褐色砂质黏土里也刨到了好几种化石，有豪猪、姬鼠、水鹿和麂子等（图4-25）。

笔者也在褐色砂质黏土里找到了一颗巨貘牙齿，随后又在同一部位的堆积里，刨到了一颗熊下臼齿和一颗大熊猫上臼齿（图4-26）。

接二连三的发现，实在是令人高兴！笔者把大伙儿发现的标本作了一下统计，有10来种，诸如熊、大熊猫、剑齿象、巨貘、犀牛、大额牛、水鹿、小麂等，其生物学属性与犀牛洞的基本一致，均具有现生动物群色彩，处于亚化石状态。

三 左邻右舍物种简述

工作结束后，我们把犀牛洞和矮子洞出土的标本作了初步整理，有20来个属种，应该说这是都督首次发现如此众多的哺乳动物亚化石。

为了解它们的系统分类和生活情景，我们从中选择了叶猴、长臂猿、大熊猫、小熊猫、黑熊、剑齿象、巨貘、苏门犀、水鹿、大额牛和麂等作一简述，并与今生属种对应比较。

1. 叶猴

生物学系统分类，叶猴属于灵长目（Primates），猴科（Cercopithecidae），叶猴属（*Presbytis*），叶猴未定种（*Presbytis* sp.）（图4-27）。

研究者认为，我国有6种叶猴，即黑叶猴、白头叶猴、长尾叶猴、菲氏叶猴、白臀叶猴和戴帽叶猴。它们不是土生土长的，而是外来客，由欧洲进入东南亚，然后沿着河谷或低地来到我国南方。就白臀叶猴来说，它们大约在距今260万年前的第四纪来到我国南方岩溶地貌景区，由于生态环境适宜而繁衍至今。白臀叶猴的臼齿有四个齿尖，没有齿带，体毛颜色

图4-27 叶猴生态图
资料来源：潘清华，王应祥，岩崑. 2007. 中国哺乳动物彩色图鉴. 北京：中国林业出版社.

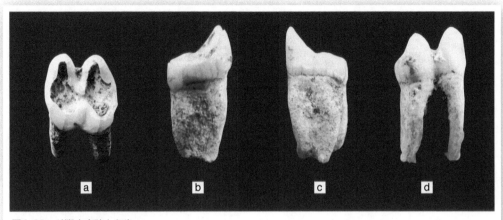

图4-28 叶猴未定种上臼齿
a.嚼面观；b.颊侧观1；c.颊侧观2；d.舌侧观

绚丽多彩，主要以植物的叶、花、果为食，栖息在岩溶区的灌丛或岩穴中。

关于叶猴材料，仅犀牛洞有记录，有一颗上臼齿。前尖和后尖高耸，原尖和次尖低矮，没有齿带，似可归入叶猴类（图4-28）。

2. 长臂猿

生物学系统分类，长臂猿属于灵长目（Primates）、猿科（Pongidae）、长臂猿属（*Hylobates*），长臂猿未定种*Hylobates* sp.（图4-29）。

长臂猿因臂长而得名，腾空游荡前进时一跃可达10来米；腿干短；手掌比脚掌长；肩宽而臀部窄；没有尾巴；喉部音囊发达，善于鸣啼；群居，以浆果、枝叶为食。

图4-29 长臂猿生态图

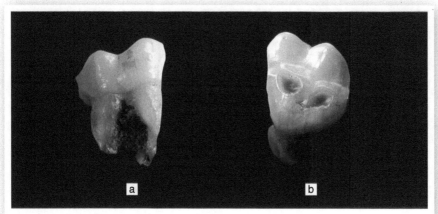

图4-30　长臂猿未定种（*Hylobates* sp.）臼齿
a.颊侧观；b.嚼面观

关于长臂猿材料，也只限于犀牛洞，有一颗上臼齿。其个小、珐琅质层较厚、齿尖呈圆锥形。这些特征与今生长臂猿相比，无论大小还是形态都是一致的（图4-30）。

都督发现的长臂猿材料虽然少，但意义匪浅，因为长臂猿是目前世界上现生的四种类人猿之一。这从一个侧面证实了史前时期的都督所在地森林广布，鸟语花香，是一个亚热带雨林环境。

3. 大熊猫

生物学系统分类，大熊猫属于食肉目（Carnivora），大熊猫科（Ailuropodidae），大熊猫属（*Ailuropoda*），学名*Ailuropoda milanoleuca*。

大熊猫（图4-31），黑眼、黑嘴、黑耳，配上洁白的面孔，黑白相映，非常惹人喜爱。它长相可爱，还是个活化石，因为它是从800万年前的始熊猫—小种大熊猫—巴氏大熊猫—今生大熊猫一步步演化来的。在历史长河中，与它相伴随的许多物种，如剑齿象、貘、犀等随着时间的推移最终绝

图4-31　大熊猫生态图
资料来源：黄万波，魏光飚.2010.大熊猫的起源.北京：科学出版社.

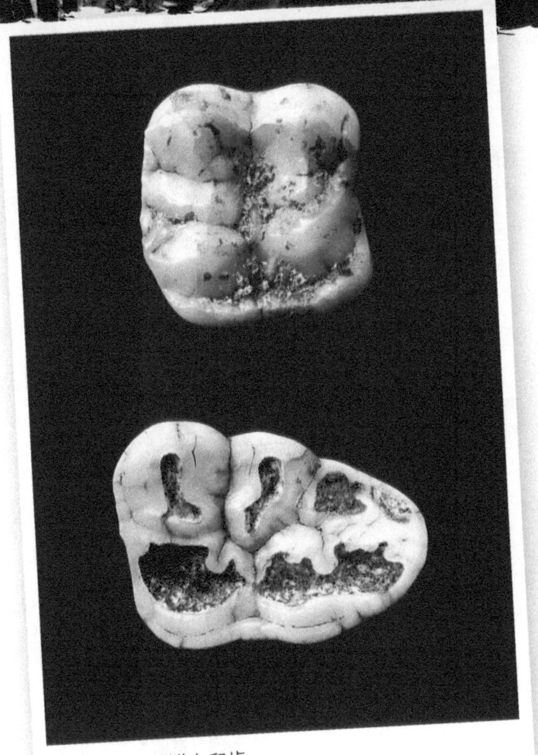

迹了，唯有大熊猫幸存下来，因此成了活化石。

　　关于熊猫的材料，犀牛洞和矮子洞均有记录，也是单个牙齿。齿冠低、尺寸小、嚼面的珐琅质皱纹少等性状介于巴氏大熊猫与今生大熊猫之间，但是在进化水平上更接近于今生种（图4-32）。

图4-32　大熊猫上臼齿

4. 小熊猫

　　生物学系统分类，小熊猫属于食肉目（Carnivora），浣熊科（Procyonidae），小熊猫属（*Ailurus*），学名*Ailurus fulgens*（图4-33）。

图4-33　小熊猫在树上休息的姿态
资料来源：黄万波，魏光飚. 2010. 大熊猫的起源.
北京：科学出版社.

　　小熊猫长相似猫，但较猫肥大，体毛红褐色；脸圆，吻部较短，脸颊有白色斑纹；耳大，直立向前；四肢粗短，尾巴长，其间有12条红暗相间的环纹，这是小熊猫体态的一大标志（图4-34）。

　　小熊猫主要生活于海拔3000米以下的针阔混交林或常绿阔叶林中有竹丛地带，喜食箭竹竹笋和竹叶，栖居树洞或岩穴。

　　关于小熊猫的材料，只限于犀牛洞，仅有一颗上臼齿（图4-35）。牙齿咀嚼面宽，横径大于直径，外侧齿带发育，局部呈齿尖状，这些特征与今生小熊猫一致，可视为同属同种。

　　都督小熊猫的存在，进一步表明了这里的生态环境很适于大熊猫栖息，因为它们俩都是以竹为生。

图4-34　小熊猫尾巴红暗相间的环纹形态

图4-35　小熊猫上臼齿（嚼面观）

5. 黑熊

生物学系统分类，黑熊属于食肉目
（Carnivora），熊科（Ursidae），熊属（*Ursus*），
学名*Ursus thibetanus*。

黑熊（图4-36）的一个显著标志是体毛黑
色有光泽，胸部正前方有一块V字形白斑。其
头圆、耳大、眼小，前后足具5趾，喜居山地
森林；食性较杂，植物叶芽、果实、种子、昆
虫、鸟卵无所不食。

犀牛洞和矮子洞出土的黑熊材料同样是
单个牙齿。上第1、第2臼齿的长度和下第2、
第3臼齿的长度比值，与今生黑熊同类标本的
比值是一致的，嚼面的齿尖形态与今生黑熊
也大体相当（图4-37）。

黑熊尽管是食肉类动物，但对大熊猫构
不成威胁，倘若相互对视，黑熊见了大熊猫
的面孔，特别是放大了许多倍的黑鼻、黑眼
和黑耳朵，也会"三思而后行"。

图4-36 黑熊生态示意图
资料来源：潘清华，王应祥，岩崐. 2007. 中国
哺乳动物彩色图鉴. 北京：中国林业出版社.

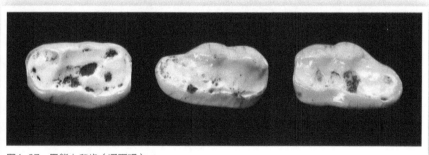

图4-37 黑熊上臼齿（嚼面观）

6. 剑齿象

生物学系统分类，剑齿象属于长鼻目（Proboscidea），真象科（Elephantidae），剑齿象属（*Stegodon*），学名*Stegodon orientalis*。

剑齿象是个绝灭种，头骨比今生亚洲象略长，腿也长，上颌的象牙既长且大，略微向上弯曲；下颌短，没有象牙；每个槽齿由齿脊组成，每排齿脊表面有许多乳突；齿脊和乳突的多与少，是鉴别物种的重要标志。例如，早期的先东方剑齿象（*Stegodon preorientalis*），齿脊数少，一般不到10排；晚期的东方剑齿象（*Stegodon orientalis*），齿脊数增加，多达10排以上（图4-38、图4-39）。

图4-38 先东方剑齿象上臼齿（嚼面观）

犀牛洞和矮子洞均发现有剑齿象材料，但标本都是齿板。齿板外都有白垩质覆盖，乳突较多，归属剑齿象是无疑义的。剑齿象的生态环境与貘相似，都喜欢出没于森林、灌丛、沼泽、河滩和草地（图4-40）。

图4-39 东方剑齿象上臼齿（嚼面观）
资料来源：科尔伯特，豪艾进. 1978. 中国四川石灰岩裂隙中更新世哺乳动物. 陈德珍译. 重庆市博物馆.

图4-40 东方剑齿象齿板（正面观）

图4-41　貘生态图

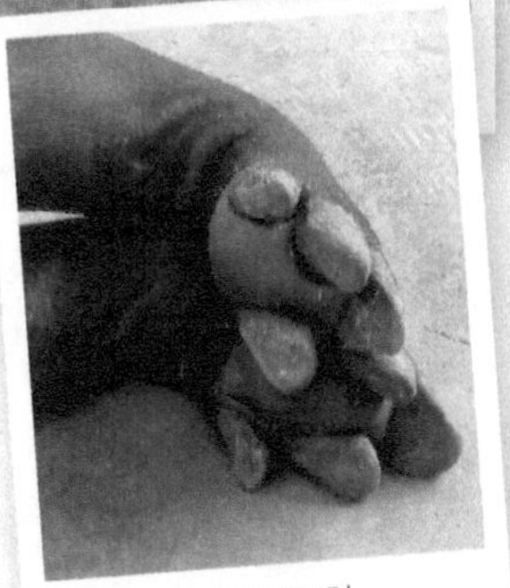

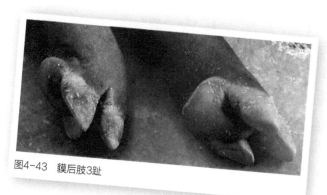

图4-42　貘前肢4趾

7. 巨貘

生物学系统分类，巨貘属于奇蹄目（Perissodactyla），貘科（Tapiridae），巨貘属（*Megatapirus*），学名*Megatapirus augustus*。

巨貘亦是绝灭种，体型似猪，长有可以伸缩的短鼻，前肢4趾，后肢3趾，尾巴短，善于游泳和潜水，以多汁植物的嫩枝、嫩叶和水生植物为食（图4-41～图4-43为现生貘，与巨貘有相似之处）。

貘曾遍及欧洲和亚洲。我国发现的貘化石自第三纪就有记录可寻，如德氏貘（*Tapirus teilhardi*）。进入第四纪，有250万年前的山原貘（*Tapirus sanyuanensis*）、100多万年前的中国貘（*Tapirus sinensis*）和5000年前的巨貘（*Megatapirus augustus*）。

根据化石记录，山原貘常与小种

图4-43　貘后肢3趾

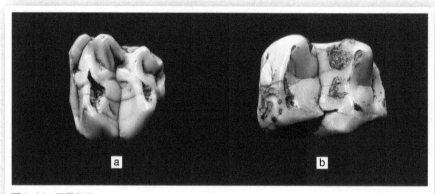

图4-44　巨貘臼齿
a.上臼齿（嚼面观）；b.下臼齿（嚼面观）

大熊猫伴存；中国貘常与早期巴氏大熊猫共生；巨貘则与晚期巴氏大熊猫相伴存在。

犀牛洞和矮子洞发现的巨貘材料有6颗上臼齿、4颗下臼齿（图4-44）。就牙齿而言，个大、齿脊粗壮，可以归属于巨貘。

8. 苏门犀

生物学系统分类，苏门犀属于奇蹄目（Perissodactyla），犀科（Rhinocerotidae），犀属（*Dicerorhinus*），学名*Dicerorhinus sumatrensis*。

苏门犀（图4-45）的体质结构是现生犀中体型最小的一种，头部有两只角，一只生长在额头上，另一只生长在鼻梁上。有学者认为，苏门犀与非洲的黑犀、白犀是近亲，因为在额骨和鼻骨都长犄角。然而也有学者持不同的意见。若从地理分布区考虑，苏门犀与印度犀和爪哇犀更为接近。

犀牛洞和矮子洞发现的犀材料也是单个牙齿。上臼齿原尖根部大，原脊后半叶向舌侧倾斜，有前刺而缺少小刺，可视其为苏门犀（图4-46、图4-47）。

图4-45 苏门犀生态图

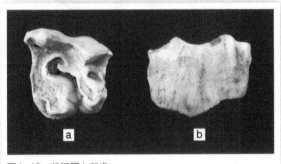

图4-46 苏门犀上臼齿
a.嚼面观；b.外侧观

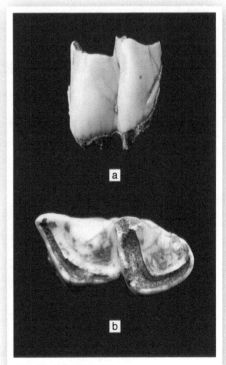

图4-47 苏门犀下臼齿
a.外侧观；b.嚼面观

苏门犀在都督的发现，反映出当时的生态环境，有较低的喀斯特槽谷或平坝，有相当面积的灌丛、湿地和常年流水的小溪、小河。

9. 水鹿

生物学系统分类，水鹿属于偶蹄目（Artiodactyla），鹿科（Cervidae），鹿属（Cervus），学名*Cervus unicolor*。

水鹿（图4-48）体型粗壮程度，接近于马鹿，但水鹿的泪窝较大，鼻端黑色，颈毛较长；角分3枝，眉枝长，与主枝夹角小于90°（图4-49）。

犀牛洞和矮子洞发现的水鹿材料也是牙齿（图4-50）。低齿冠、低齿柱、前附尖不发育等性状相似于今生种。

另外，从采集的水鹿材料之数量来说，至少20个个体。这表明当时的都督所在地鹿成群，时常出没于灌丛和森林坡地，以青草、枝叶为食。

图4-48 水鹿生态图
资料来源：潘清华，王应祥，岩崑. 2007. 中国哺乳动物彩色图鉴. 北京：中国林业出版社.

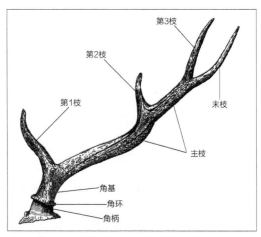

图4-49 鹿角各部位名称
资料来源：董为提供

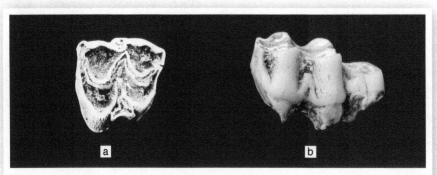

图4-50 水鹿臼齿
a.上臼齿（嚼面观）；b.下臼齿（侧面观）

10. 大额牛

生物学系统分类，大额牛属于偶蹄目（Artiodactyla），牛科（Bovidae），大额牛属（*Bibos*），未定种（*Bibos* sp.）。

大额牛（图4-51）外貌似野牛，额部宽阔近乎方形，角形直，呈锥状向侧方伸展。体色灰褐，四肢下半段白色。

犀牛洞和矮子洞发现的大额牛材料，牙齿多，骨骼少，且破损。就牙齿的尺寸小，齿柱发达，无白垩质覆盖等现象（图4-52），可将其归属于大额牛。

都督大额牛的发现进一步展示出昔日的都督在一些喀斯特凹地里，由于岩溶型黏土的覆盖，成了灌丛草地——大额牛的出没场所。

图4-51 大额牛生态示意图
资料来源：潘清华，王应祥，岩崑. 2007. 中国哺乳动物彩色图鉴. 北京：中国林业出版社.

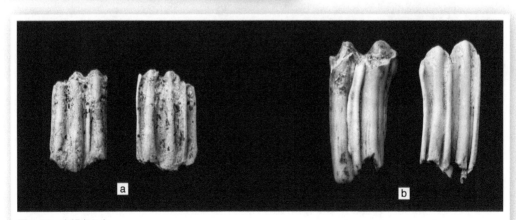

图4-52 大额牛臼齿
a.下第3臼齿（侧面观）；b.下第1臼齿（侧面观）

11. 麂

　　生物学系统分类，麂属于偶蹄目（Artiodactyla），麂族（Muntiacini），麂属（*Muntiacus*），学名*Muntiacus reevesi*（图4-53）。

　　我国的今生麂有三种：黑麂、赤麂和小麂。它们的个子都小、腿细，善于跳跃奔跑；雄麂长角，短小，角干向后伸展，角尖内弯，角干不分权，角干表面有纵棱脊，基部有小权或骨质突起；栖息于密林、草丛、山地和丘

图4-53　麂生态示意图
资料来源：潘清华，王应祥，岩崐. 2007. 中国哺乳动物彩色图鉴. 北京：中国林业出版社.

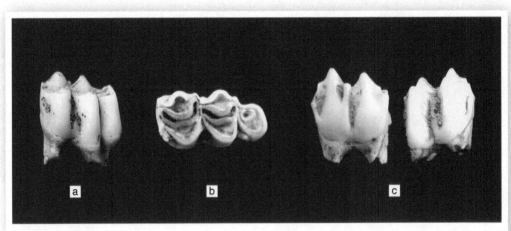

图4-54　小麂臼齿
a.下第3臼齿（侧面观）；b.下第3臼齿（嚼面观）；c.下第1臼齿（侧面观）

陵，以种子、嫩草、青草、树枝等为食。

犀牛洞和矮子洞发现的麂材料计有上下牙齿10余个。牙齿的原尖、次尖低矮程度与小麂一致（图4-54）。小麂的出现，反映出昔日的都督有一定范围的低山、丘陵和山坡灌丛。

以上各属种的简单记述和与今生属种的对应比较所展示的生物、生态信息，可归纳为以下几点。

（1）都督犀牛洞和矮子洞出土的20余种哺乳动物因含有大熊猫和剑齿象，可将其称为"大熊猫-剑齿象动物群"，在演化模式上处于衰退时期。

（2）该动物群各成员的生物学特征除剑齿象和巨貘是绝灭种外，其余者基本上与今生属种一致，由此显示出，动物群带有浓厚的现代动物群色彩。

（3）各物种的生态习性展现出史前的都督是一个岩溶峰峦起伏、槽谷流水潺潺、竹林灌丛繁茂、森林草地并存的半封闭自然环境。

四 "大熊猫-剑齿象动物群"年代

　　犀牛洞和矮子洞"大熊猫-剑齿象动物群"年代，可以从两个方面来讲述：一是相对年代；二是绝对年代。所谓相对年代，指的是依靠地层及其动物群的对比，求得时序上的定位。所谓绝对年代，指的是采用同位素如碳十四、铀系法等分析测定，求得时序上的定位。

　　了解了测年方法，接下来我们看看犀牛洞和矮子洞"大熊猫-剑齿象动物群"的年代（图4-55）。

1. 相对年代

　　在进入年代论证之前，先了解一下"大熊猫-剑齿象动物群"的演化模式。

　　"大熊猫-剑齿象动物群"的演化模式，大体上经历了三个时期：萌出期、鼎

图4-55　"大熊猫-剑齿象动物群"生态图
资料来源：重庆自然博物馆，2015年

盛期和衰退期。就华南各地常见的"大熊猫-剑齿象动物群"的演化模式而言，萌出期定位于上新世—早更新世之初；鼎盛期定位于早更新世末—中更新世末；衰退期定位于晚更新世末—全新世。

　　了解了"大熊猫-剑齿象动物群"的演化模式，接下来我们来衡量一下犀牛洞和矮子洞"大熊猫-剑齿象动物群"在其演化模式中相当于哪个时期。

　　我们在总结犀牛洞和矮子洞各属种的生物学性状和系统位置时已涉及该动物群在演化模式上处于衰退期，其相对时代自然落在地质历史的晚更新世

末一全新世。考虑到犀牛洞和矮子洞的今生属种超过了90%，我们偏向于定格在全新世。

2. 绝对年代

如前所述，根据碳十四测定，第1个熊猫洞和相对应的犀牛洞、矮子洞为6130年前。

五 左邻右舍中的文化碎片

所谓左邻右舍中的文化碎片，指的是在犀牛洞考察时发现的也就是前文提到的那块石片。该石片经观察研究，其材质为石灰岩，是从卵石上剥下来的，片体长99毫米、宽79毫米。在石片周围有多个疤痕，其中4～5个疤痕形态清晰，交错打击。如此性状，与人类行为密切相关（图4-56）。

无独有偶，在随后的考察中，笔者在距离石片出土地点大约12米处的砂质土里觅到了另一件石块。清洗洁净后，标本材质亦为石灰岩，体长115毫米、宽82毫米。背面棱形，腹面平坦，在周边也有多处疤痕，在端角还有一喙状突起。这些性状亦与人类行为相关（图4-57）。

总体来说，犀牛洞出土的石制品较少，难于判断其文化脉络。但是，这反映出该洞穴曾有古人类在此活动过，值得进一步调查研究。

图4-56 石片
a.腹面观；b.背面观

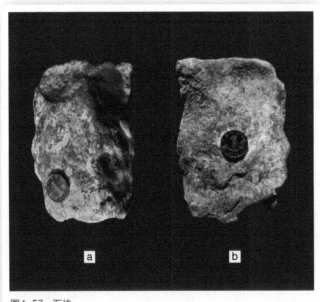

图4-57 石块
a.背面观；b.腹面观

第五章
最后的熊猫
为何在都督

一 为何叫最后的熊猫

这里说的最后的熊猫，不是指今生大熊猫，而是指前世熊猫最后绝迹的成员。

其衡量标准如下：

（1）在时间界面上，必须定位于全新世；

（2）遗骸的形态特征介于巴氏大熊猫与今生大熊猫之间。

依凭（1）、（2）两项标准来衡量都督的熊猫，就目前的分析研究而言，第1个熊猫头骨符合：时间界面为全新世，距今6130年；形态特征比今生大熊猫稍大，比巴氏大熊猫稍小，大约小1/9，处于亚化石状态（图5-1、图5-2）。

都督第1个熊猫头骨的这些性状，若与浙江金华双龙洞出土的巴氏大熊猫（7815 BP）和云南保山蒲缥出土的巴氏大熊猫（8000 BP）相比，更接近于今生大熊猫，时间界面也比前两者晚了2000年。如此晚的年代，在秦岭以南是少见的，在长江三峡更是屈指可数。

有鉴于此，我们提出了一个新概念——史前最后的熊猫。

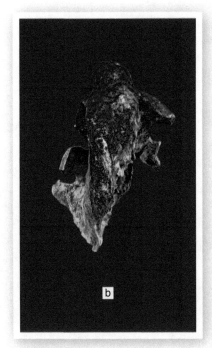

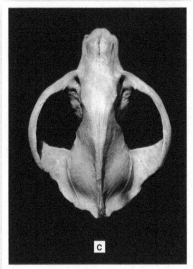

图5-1　头骨轮廓比较图（顶面观）
a.巴氏大熊猫头骨；b.都督第1个大熊猫头骨；
c.今生大熊猫头骨

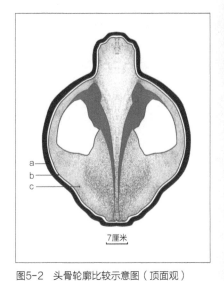

7厘米

图5-2　头骨轮廓比较示意图（顶面观）
（向朝军清绘）
a.巴氏大熊猫头骨；b.都督第1个大熊猫头骨；
c.今生大熊猫头骨

图5-3 "鄂西期夷平面"下的幽深槽谷

 为何最后的熊猫在都督

　　要想找到这个问题的答案势必要回溯到史前时代。大约5亿年前，都督是一片汪洋大海，海底沉积了厚厚的碳酸盐类物质。几经沧桑巨变，海底变成了陆地。当地质历史由上新世变更为更新世，来自地壳运动的强大应力，促使秦岭、巴山、武陵山、七曜山大幅度隆起，地层折曲，河流沿构造线快

速下切，古老的"鄂西期夷平面"和"山原期夷平面"解体，形成了高山深谷，长江穿过巫山与下游贯通，三峡形成。位于长江北岸的都督，巍然屹立在七曜山中。

从此以后，都督的喀斯特洞穴、峰丛，天坑、幽谷，地缝、暗河不断深化，自然而然地形成了一个多小气候的半封闭的自然环境。当地质历史进入晚更新世末至全新世初，生态圈里的大熊猫及其左邻右舍在冷暖气候的袭击下，并没有像在其他中纬度地区的动物那样走向没落，而是相继繁衍、传承，进而使得6130年前的都督还有熊猫在活动，也表明了史前最后的熊猫为何在都督的缘由（图5-3～图5-6）。

图5-4 "山原期夷平面"的石芽

图5-5 "鄂西期夷平面"下的喀斯特石林

图5-6 "山原期夷平面"的喀斯特景观
a.玉龙洞天坑；b. 玉龙洞天坑底部的横向穿洞

了解了为何最后的熊猫在都督的缘由，读者也许会再问，既然在都督有史前最后的熊猫，那为何现在的都督见不到熊猫身影？而红豆树（图5-7）、银杏树（图5-8）、黄杨树（图5-9）、金丝楠木（图5-10）等古老树种依然存在？

图5-7　都督的千年红豆树（陈德忠摄）

图5-8　都督的千年银杏树（陈德忠摄）

图5-9　都督五百年的黄杨树（陈德忠摄）

图5-10　都督的古稀金丝楠木（汤启凤摄）

究其原因，仍然与自然环境的变化有关，特别是与人为因素的制约有关。据史料记载，在康熙年间，我国人口达到1亿，原始农业出现了一次较大发展时期，可能是由于大片林地被开垦，威胁到了大熊猫及其左邻右舍的生存。

把视界再扩大一点，看看与巴氏大熊猫伴生的象、貘、犀等的命运，一位动物生态学家是这样描述的：10世纪以前，这些动物的分布远至秦岭以北，现在，犀和貘已在华夏大地绝灭，大象仅局限在云南的西双版纳。侥幸活着的一些哺乳动物，还有部分爬行类和鸟类，也只能在边远地区苟延残喘。

由此推理，还有一种可能性，即都督最后的熊猫命运，如同那位生态学家描述的那样，10世纪以后，也就见不到它们的身影了。

至于现在都督的古老树种，毕竟是植物，对自然的适应力更强一些，因此能在严酷的生存竞争和自然选择中存活下来。

三 都督熊猫的粮食——竹子

作为本书的主角，大熊猫之所以在都督栖息到了6130年前，除了独具特色的自然环境外，还有一个至关重要的因素——竹子。

众所周知，竹子是大熊猫的主要食物来源、生命所系。也就是说，假如都督没有广阔的竹林，最后的熊猫也就无从谈起。正因如此，笔者走进都督关注熊猫遗骸的同时，还关注熊猫的粮食——竹子。这对于了解史前熊猫的生态环境、生存状态是十分重要的。

为此，走进都督的头一天，笔者就打听到了都督有竹可寻。依廖乡长的介绍，都督不仅有竹子，高山上还有一大片原始竹林，当地叫"竹海"，据说有2000多亩①。如此大面积的竹林，笔者想不管工作有多忙，都要抽空前往考察，弄清虚实。

但是，这个愿望一直等到三进都督才得以实现。

记得是2016年8月中旬的一天，在与廖乡长谈起大熊猫的生活习性时，笔者再一次提出考察"竹海"之事。廖乡长听后有点尴尬，随即答话："抱歉！抱歉！我把这事给忘记了。那好，明天（16日）就去。"（图5-11）

图5-11 黄万波（右）与廖克海（左）商讨考察"竹海"之事

①1亩=1/15公顷≈666.7平方米。

廖乡长为确保考察顺利，专门找了个带路人。早饭后，笔者按廖乡长的指点，先到带路人的住宅，与他见面后同往。

带路人名叫刘维金，看上去40岁开外，待人十分热情。他主动与笔者搭话："黄教授，廖乡长给我交代好了，随你们前去考察'竹海'。"笔者接过话茬："请问这儿去'竹海'有多远？海拔多少？"刘维金一一作了解答："都督去'竹海'有40～50千米，当地海拔1000余米。"看来，刘维金对"竹海"的情况是比较熟悉的。

我们乘坐的是一辆越野车，沿着山谷的机耕道，一会儿越过小溪，一会儿进入峡谷，当拐过一个大弯，爬上一个陡坡，车子就不听使唤了。笔者见状立马告诉司机："车老了，不要难为它了，咱们下车步行吧！"我们爬了好一阵子，地面坡度略微平缓点儿了，这才回到了车上。笔者一看海拔仪，海拔指针定位到了1350米。带路人指着山坡上的竹子告诉大伙儿，到"竹海"了。

图5-12 采集标本

同行的李华，早已注视到了窗外的植被景观，自言自语地说："竹子的长相似箭竹。"带路人应声道："对，是箭竹！"说话间，不知不觉爬到了"竹海"深处，车子在一个小土堆上停了下来，此处海拔超过了1510米。下车后，大家分头行动，李华和孙鼎纹向西南角的竹林走去，考察那里的竹子结构，并采集样品（图5-12、图5-13）。

刘维金带着笔者和汤启凤走向东北，考察那里的竹林和灌丛的生态景观（图5-14）。当走到一个交叉路口处，刘维金指着右前方的那一大片箭竹林说："教授，你们可以到那里看看，那里的竹子长得可好了！"

我们沿着刘维金指点的方向，走了10来分钟，好大一片箭竹林进

图5-13 标本编号、包装

图5-14　黄万波（左）与刘维金（右）在竹林

入了视线。笔者心想，要是放养几只大熊猫，肯定能保它们不会饿肚子（图5-15、图5-16）。

经过一段时间的考察、采样，我们对"竹海"的生态环境有了大概的认识。

（1）所谓"竹海"，有点夸张。从看到的竹子出露情况而言，山上坡下都有分布，只是密集度稍有逊色。

（2）竹子属种单一，考察途中见到的品种主要是箭竹。

（3）绝大多数竹子都位居灌木林下，故个头长得矮小；反之，无灌丛的地方，竹子长得稍高且密集。

总之，都督的这片"竹海"，其分布范围并不十分广泛，品种也很单一，这是如今的情况。然而回溯到6000年前的大熊猫与小熊猫的那个时空

图5-15 箭竹林——近观

图5-16 箭竹林——远观

界面，竹子品种和分布面积恐怕要广泛得多。只有这样，才能为它们呈现一个四季飘竹香的绿色粮仓。

考察完了"竹海"，在归途中，笔者深深感到竹子是熊猫取食之源、生命所系，但是，竹子也会给熊猫带来副作用，即易于生龋病。在犀牛洞和矮子洞出土的熊猫牙齿中，我们就发现有的熊猫患上了龋病。所谓龋病，就是牙齿咬合面上的釉质层出现孔洞，医学称龋洞。患病较轻的龋洞小，反之龋洞大。在犀牛洞的熊猫龋齿中，可见到特大的龋洞，其深度已穿过了牙本质，可称得上是个"重病号"了（图5-17）。

笔者依据近年来观察到的大熊猫牙齿患龋率统计：始熊猫无；小种大熊猫较少，占2%～3%；巴氏大熊猫较多，占16%～19%。依王将克的研究［见《广西化石大熊猫牙齿龋病的观察》（1961年）一文］，巴氏大熊猫上第2臼齿和下第2臼齿的100个标本中，患龋齿者占18%。再者，巴氏大熊猫的龋齿是随着年龄的增长而加重的。

为什么说竹子与龋齿有关？我们看看植物学家对竹子的成分分析便一目了然，以拐棍竹为例：糖类占26.15%，脂肪占1.27%，蛋白质类占10.23%，粗纤维占33.62%，其他类，如磷、铁、镁等含量极少。这几

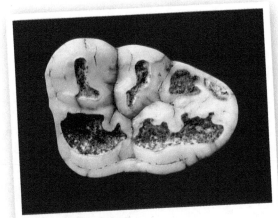

图5-17 上臼齿龋洞情况

类成分之中，以糖类的百分比最突出，高达26.15%。正如我们所知，多糖食物易于引起龋齿病。

第六章

溯源都督
熊猫由来

都督熊猫由来的话题，应当先从几位中学生的交谈说起。

2010年春夏之交，笔者参观重庆动物园，参观的重点是熊猫，入园后，我们直奔熊猫展区，目睹的第一只是位"老大姐"。正当笔者观看之时，来了几位中学生，在一块熊猫说明牌前停了下来，其中一位男生指着说明牌上的照片，用一口地道的重庆话对同伴说："你们看，'星新'熊猫是'团团'的祖母（图6-1）。'团团'去了台湾，为啥不把它祖母也带去？"他身后的同伴接过话茬："祖母老了，活动不便。"笔者听了他们的对话，好奇地插上一句："你们只晓得'团团''圆圆'的祖父、祖母，若再往前追，溯源到史前时期你们还能知多少？"其中一位女生应声回答："不知道。"接着反问了笔者一句："那您是知道的吧，能告诉我们吗？"笔者往说明牌前走了几步，指着"星新"熊猫说："要了解它们家的谱系，可不那么容易，因为熊猫从800万年前至今传承了好几代。按家谱的排位，居首者，就是它们的老祖宗——始熊猫。"

与中学生的对话，引出了本章节的话题，都督熊猫的由来。

图6-1 "团团"的祖母——"星新"

一　都督熊猫的老祖宗——始熊猫

　　始熊猫的发现是熊猫"史记"中的一个大事件。它不仅论证了熊猫的祖宗在中国，而且把熊猫的演化史推前了550万年。我们还要告诉大家，始熊猫的出生地在云南禄丰，研究者也因此给它起了个名字叫禄丰始熊猫（*Ailurarctos lufengensis*）。读者也许会问，茫茫云贵高原，是怎样发现始熊猫的呢？

　　20世纪60年代，正值修筑成昆铁路，在云南省禄丰县石灰坝村庙山坡含煤地层中挖出了许多脊椎动物化石。中国科学院古脊椎动物与古人类研究所获悉后，于1978年派人前往调查。在煤矿工人的协助下，考察人员不仅发现了脊椎动物化石，还从煤层里采集到了古猿化石。由于这个发现意义重大，中国科学院古脊椎动物与古人类研究所自1978年以来，对该化石地点开展了系统有序的发掘，获得了大批脊椎动物化石，其中就包含了始熊猫（始熊猫化石后来在云南省元谋县也有发现，而且是件上颌骨）（图6-2、图6-3）。

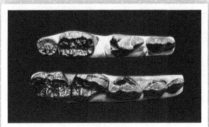

图6-2　禄丰始熊猫牙齿（上排：下牙；
　　　　下排：上牙，嚼面观）
资料来源：黄万波，魏光飚. 2010. 大熊猫的起源. 北京：科学出版社.

图6-3　元媒始熊猫残破的上颌骨及牙齿
　　　　（嚼面观）
资料来源：黄万波，魏光飚. 2010. 大熊猫的起源. 北京：科学出版社.

为了让读者进一步了解始熊猫的出土地层和埋藏产状，笔者简介一下这方面的情况。

1. 禄丰始熊猫化石出土层位及其在剖面上的分布

含禄丰始熊猫化石的地层剖面有好几个，其中D剖面保存较好，依巴吉雷等于1988年的描述（引自：徐庆华，陆庆五. 2008. 禄丰古猿. 北京：科学出版社），自上而下分了8层。

（1）浅灰色黏土至粉砂质黏土层，厚度0.50米。

（2）砂质黏土、灰色有机质黏土、黑色粉砂质褐煤，厚度1.06米。

（3）黏土、粉砂质黏土、有机质黏土、薄层褐煤，厚度1.50～2.30米。

（4）粉砂至粉砂质砂层，含始熊猫化石，厚度0.10～0.90米。

（5）有机质黏土至粉砂质黏土、褐煤性黏土层，厚度0.70米。

（6）黑色褐煤、黏土性粉砂层，含始熊猫化石，厚度0.70米。

（7）有机质粉砂、粉砂质褐煤，含始熊猫化石，厚度0.55米。

（8）淡红至棕色砂砾黏土层，厚度大于2米。

2. 禄丰始熊猫化石的定位

通俗地说，每个物种在其演化历程中，都有其相应的系统位置，也就是依照生物分类规则，它们分属于哪个门、科、属、种或另立门户。禄丰始熊猫自然是依照这个分类规则来给予定位的。

定位者是我国著名的古生物学家邱占祥和祁国琴，他们在《云南禄丰晚中新世的大熊猫祖先化石》一文中的论述概括起来有如下几点。

（1）禄丰标本的前臼齿至臼齿的长度约为今生大熊猫的2/3，表明个体较小。

（2）禄丰标本的前臼齿形态与熊猫的相似，而臼齿形态则与祖熊（*Ursavus*）更接近。

（3）禄丰标本的上第4前臼齿唇侧和舌侧各有3个齿尖，靠唇侧者已失去了"裂叶"的功能，增厚为醒目的齿尖，中间一个大而高。

（4）臼齿长度稍大于宽度，牙面上有强烈发育的釉质褶皱，今生大熊猫的臼齿是宽大于长，牙面上的釉质褶皱已演变成大小不等的凸起或棱脊。

邱占祥、祁国琴认为，依据上述的形态特征，此种动物在系统关系上介于祖熊与熊猫之间，但更接近于熊猫，于是将其建立一个新属、新种，称为禄丰始熊猫（图6-4）。

图6-4　始熊猫复原图
资料来源：黄万波，魏光飚. 2010.
大熊猫的起源. 北京：科学出版社.

二 都督熊猫的祖父——小种大熊猫

图6-5 第1个小种大熊猫下颌骨（嚼面观）
资料来源：中国科学院古脊椎动物与古人类研究所. 1987. 中国科学院古脊椎动物与古人类研究所集刊（第18号）. 北京：科学出版社.

说来有趣，小种大熊猫的发现经历与始熊猫相似，也是在发掘猿类化石时发现的。

1957～1964年，中国科学院古脊椎动物与古人类研究所在广西柳城楞寨山硝岩洞发掘，在第1个巨猿下颌骨出土的地方，发掘出了10颗小种大熊猫牙齿，随后又在第2个巨猿下颌骨出土的地方，获得了1个小种大熊猫的完好下颌骨（图6-5）。依据发掘报告的统计，在硝岩洞出土的小种大熊猫化石共计79件，其中4件是下颌骨、颌骨和牙齿。裴文中对这些化石进行了研究，认为巨猿洞出土的熊猫化石具有如下几个方面的特点。

（1）小种大熊猫下颌骨的颌骨体比其他熊猫如巴氏大熊猫和今生大熊猫的都短小。

（2）长在下颌骨上的牙齿具有一些原始性质，如牙面上的皱纹较少，上第4前臼齿的主尖内面没有附尖，牙冠与齿根接合处也没有釉质凸起，俗称齿带，这种现象在其他牙齿上也可以见到。

（3）下第2臼齿的牙面面积较小，约为巴氏大熊猫或今生大熊猫的1/3。

（4）小种大熊猫的时代较早，即为早更新世早期，距今250万年前。

图6-6 小种大熊猫复原图
资料来源：黄万波，魏光飚，2010. 大熊猫的起源. 北京：科学出版社.

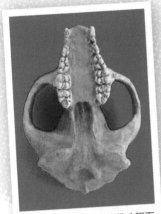

图6-7 小种大熊猫头骨（腭面观，重庆巫山）

至此，裴文中依其所述，给这个矮小的熊猫取了一个十分形象的学名——小种大熊猫（*Ailuropoda microta*）（图6-6）。

随着时间的推移，小种大熊猫化石在我国相继被发现，诸如在广西发现的小种大熊猫颅骨、在重庆巫山龙骨坡发现的小种大熊猫颅骨等，这些化石的发现说明，在始熊猫与今生大熊猫的自近裔关系上，表明一大亮点：小种大熊猫是都督熊猫的祖父（图6-7、图6-8）。

介绍完了都督熊猫的祖父，接下来该叙述它的父辈——巴氏大熊猫。

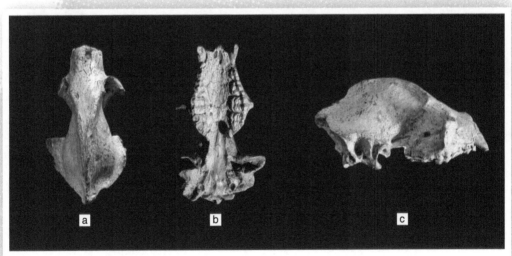

图6-8 小种大熊猫头骨（金昌柱供图）
a.顶面观；b.腭面观；c.侧面观

三 都督熊猫的父辈——巴氏大熊猫

巴氏大熊猫与始熊猫、小种大熊猫一样，都属于化石种，它的首次发现不在中国，而是在缅甸。

1915年，在缅甸摩谷城（Mogok）鲁比（Ruby）矿区的一个洞穴堆积里，采矿工人发现了一些哺乳动物化石。其中有一件完整的上颌骨，颌骨上还保存有多个牙齿。研究者伍德华（Woodward）认为，这件颌骨标本的形态特征很像中国西部山区的今生大熊猫，但又有区别，例如，其第2颗前臼齿单齿根和第1颗前臼齿有可能缺失等特征是摩谷标本所独有的。考虑到化石埋藏于洞穴堆积物中，时代较早，应当另立种名，叫作巴氏大熊猫（*Ailuropoda baconi*）（图6-9）。

但是，关于巴氏大熊猫的名字，随着大熊猫化石的不断发现，研究者依其不同的形态特征，把原来的名字进行了修订。

图6-9 巴氏大熊猫复原图
资料来源：黄万波，魏光飚. 2010.
大熊猫的起源. 北京：科学出版社.

1. 第一次修订

古生物学家葛兰阶（W. Granger）和马修（Matthew）研究了四川万县盐井沟的熊猫化石认为，颅骨面部短，顶、额隆起较高，颧弓粗壮、宽大，矢状脊和脊间沟均发达，枕部较平坦，呈等腰三角形；牙齿排列紧密无齿隙；臼齿宽大于长，嚼合面上布满了粗细不等的釉质皱纹。这些形态特征既与今生大熊猫不同，也与缅甸摩谷洞的大熊猫有区别。至此，研究者将其订一新种，叫作洞穴熊猫（*Ailuropoda fovealis*）（图6-10、图6-11）。

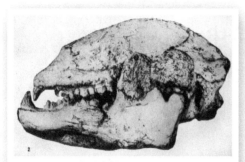

图6-10 1924年葛兰阶在盐井沟采集的巴氏大熊
猫颅骨(侧面观)
资料来源:科尔伯特,豪艾进. 1978. 中国四川裂隙堆
积之更新世哺乳动物. 陈德珍译. 重庆市博物馆.

图6-11 1985年郑绍华等在盐井沟采集的巴氏
大熊猫骨架

2. 第二次修订

1953年,柯柏特(E. H. Colbert)与郝亦阶(D. A. Hooijer)对四川万县盐井沟的大熊猫材料进行了再研究,他们主张将盐井沟的标本与今生大熊猫合并为同属同种,但考虑到盐井沟的标本有其独到之处,如颅骨的眶后缩窄不如今生种显著,颅骨矢状嵴比今生种粗而低,枕骨比今生种略宽。这些不同点只能作为地区性差异,而不可作为订立新种的依据。柯柏特等便以此为由,把葛兰阶等订立的洞穴种修定为大熊猫洞穴亚种(*Ailuropoda melanoleuca fovealis*)。

3. 第三次修订

王将克在《熊猫种的划分、地史分布及其演化历史的探讨》一文中,依据华南洞穴考察队采集的熊猫化石展示的信息明确提出,1915年伍德华研究的缅甸摩谷的熊猫化石,尽管材料有限,但牙齿的形态特征与四川万县盐井沟的熊猫是一致的,应合为一个亚种。依国际命名法的优先权律,把洞穴亚种修订为巴氏亚种(*baconi*),最终变成了大熊猫巴氏亚种(*Ailuropoda melanoleuca baconi*)。

四　都督熊猫的晚辈——今生大熊猫

　　关于今生大熊猫的生活、生殖等相关情况，读者都比较了解，这里就不再赘述了。接下来说点与今生大熊猫有关的趣闻。

　　故事要溯源到西汉时期。1975年6月上旬，陕西省西安市郊的白麓塬上传来了一则消息。说当地农民在白麓塬（当地称狄寨塬）上修蓄水池时，在汉南陵附近发现数座长方形小坑，坑里有陶俑及动物骨骼出土。在这些遗存里最令人关注的是一具完好的大熊猫头骨。后经陕西省考古研究所考证，这具头骨出自距今2100多年前的汉南陵，即西汉薄太后的墓地（图6-12）。

　　皇家园林的名著《上林赋》中，也提及园中有貘，即熊猫。看来，办丧事的人深知薄太后与熊猫有感情，才会让其陪葬。那么，关于薄太后为何爱动物，汉史里有这样一段记述：薄太后原名薄姬，是汉高祖刘邦的一位妃子。她为汉高祖生下一子，名刘恒。汉高祖驾崩，吕后独揽大权。从此，薄

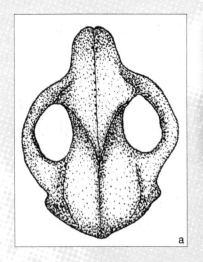

图6-12　西汉薄太后墓地出土的大熊猫头骨及下颌骨
a.根据素描复制的头骨图像；
b.下颌骨

图6-13 薄太后与熊猫
资料来源：黄万波，魏光
飚. 2010. 大熊猫的起源.
北京：科学出版社.

姬遭受虐待。吕后让她去山西刘恒的封地生活，到了那里她便沉醉于山林美景，与牛羊亲近，过着与世无争的田园生活……

吕后死后，群臣一致拥戴刘恒当皇帝。这样，薄姬就变成了薄太后。如此看来，薄太后的随葬品里有大熊猫等动物就不难理解了。因为她生前就喜爱动物（图6-13）。

经研究者测量，陪葬品里的熊猫颅骨全长312毫米，颅骨基底长254毫米，颅骨高159毫米，两眶间距50毫米，颅骨宽210毫米。此测量数字与10万年前的化石熊猫颅骨相比约小1/8，与今生大熊猫接近。该标本骨质表面呈白色，没有石化。头骨骨缝完全愈合，牙齿磨蚀很深，局部已露出白垩质，看得出是只成年熊猫。从时间上说，西汉至今2100多年，在如此短的时间里，一般是形不成化石的。然而令人感兴趣的是，这具熊猫头骨为何保存在薄太后的从葬坑里。

有两个问题值得探讨：一是2100多年前西安地区是否生存过大熊猫；二是薄太后从葬坑里的大熊猫是否为薄太后之宠物。

资料考证，我国5000年来的气候曾有过多次波动，出现过冷期和暖期。到了秦汉时期，正值气候温暖，关中地区雨量充沛，番溪（今宝鸡市东南）附近"幽篁邃密，林陈秀阻"，是个竹深林密的风景佳地，早为诗人所赞颂，而"户杜竹林"更是闻名远近的美称。至此，考古学家认为，薄太后从葬坑里的大熊猫绝不是临葬时从外地捉来的，而是当地即有的动物。

笔者同意这种分析，当时秦岭以北的气候和自然环境完全适于大熊猫生存。目前，在秦岭长青山一带还有大熊猫在活动。何况当时的气候温暖，大熊猫的活动半径稍扩大一点就可以越过秦岭抵达西安市郊或更远的地方。

在薄太后的葬坑里除了大熊猫，还有猫、狗等，这些哺乳动物无论古人还是今人都很喜爱，这也印证了大熊猫很可能也是薄太后的宠物。

该趣闻为我们表述了一个事实，宠爱大熊猫，并非只有当代人所好，早在2100多年前的薄太后很可能已经这样做了（图6-14、图6-15）。

通过以上的简介，相信大家对都督熊猫的来龙去脉有了大概的了解，即是从它的老祖宗——禄丰始熊猫，而后到它的祖父——小种大熊猫，再到它的父辈——巴氏大熊猫一步步演化来的（图6-16）。

图6-14　户外的今生大熊猫

图6-15　动物园中的今生大熊猫（吴先智摄）

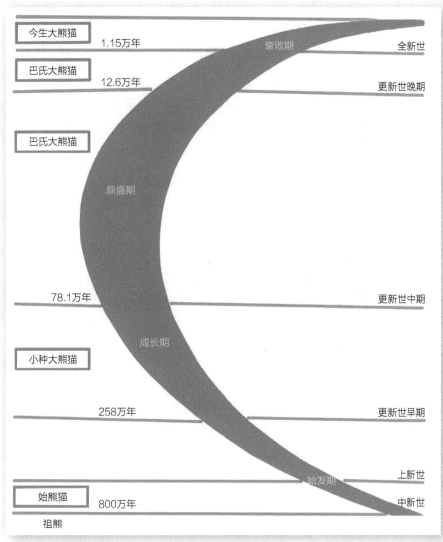

今生大熊猫　　1.15万年　　　　　衰败期　　　　全新世

巴氏大熊猫　　12.6万年　　　　　　　　　　更新世晚期

巴氏大熊猫

鼎盛期

78.1万年　　　　　　　　　　　　　更新世中期

成长期

小种大熊猫

258万年　　　　　　　　　　　　　更新世早期

始发期　　　上新世

始熊猫　　　800万年　　　　　　　　　　中新世

祖熊

图6-16　大熊猫演化图
资料来源：黄万波，魏光飚. 2010. 大熊猫的起源. 北京：科学出版社.

后 记

　　都督这块神奇而微妙之地，为何有那么多的大熊猫在此生息？它们的左邻右舍长臂猿、叶猴、小熊猫等又为何相继伴随？它们为何在6130年前走上了不归之路？

　　本书的出版，如若能抛砖引玉，引来众多学者去都督考察，解读人们关注与思考的一个个问题，笔者也就欣慰了。

　　本书依笔者关注与思考的问题划分了六个章节，每个章节都有大量图片，可以说是一本图文并茂的了解前世熊猫的纪实科普读物。但是，由于水平所限，难免会存在一些缺陷或遗漏，在此，诚恳地欢迎广大读者批评指正，以便日后修订。

　　本书中多次提及谭代江和秦勇同志，是他们不辞辛苦、勇于探索的精神，才揭开了埋藏在深邃洞穴里的6件大熊猫化石的神秘面纱，令人敬佩、值得学习，我们在此深表感谢！

　　在此，我们还要向魏光飚、陈少坤、贺存定、张真龙等同志致谢。因为他们是都督考察的开路者，本书的出版发行，与他们付出的辛劳是分不开的。

　　在本书撰写过程中，都督乡政府、丰都县文物管理所均给予了大力支持与帮助。本书中的英文摘要由王亚琳女士翻译，在此一并深表谢忱。

　　笔者在撰写过程中，参考了大量相关文献，并引用了部分文与图，特此对那些研究者、版权所有者表示衷心的感谢。

　　在此，特别要向重庆自然博物馆为本书的出版提供资助表示诚挚的敬意。

　　我们深信，在大家的共同努力下，我们一定能够还今生大熊猫一个无人干扰、竹林茂盛的自然环境，使它们拥有一个自由、安全的家园，让大熊猫在历史长河中与我们继续相伴同行！

黄万波

2017年10月